城建·园林·环境

——同济大学李铮生教授论文集

李铮生　著

中国建筑工业出版社

图书在版编目(CIP)数据

城建·园林·环境——同济大学李铮生教授论文集/李铮生著.
北京：中国建筑工业出版社，2010
ISBN 978-7-112-12045-1

Ⅰ.城… Ⅱ.李… Ⅲ.城市规划：绿化规划-文集 Ⅳ.TU985-53

中国版本图书馆CIP数据核字（2010）第070760号

责任编辑：杨 虹
责任设计：姜小莲
责任校对：关 健 陈晶晶

城建·园林·环境
——同济大学李铮生教授论文集
李铮生 著
*
中国建筑工业出版社出版、发行（北京西郊百万庄）
各地新华书店、建筑书店经销
北京嘉泰利德公司制版
北京云浩印刷有限责任公司印刷
*
开本：787×960毫米 1/16 印张：$11^3/_4$ 字数：300千字
2010年5月第一版 2010年5月第一次印刷
定价：**32.00**元
ISBN 978-7-112-12045-1
（19303）

序　一

李铮生先生自1955年毕业于同济大学后，一直执教于学校，至今已50多年。他不仅学识丰富，造诣深刻，培养弟子满园，而且对于城市规划、园林、建筑、环境等广阔领域提出很多全面而独到的见解。这些论述今天读来，仍对我们规划、园林、建筑界的同行，以及广大读者有着重要的启示和参考作用。

李铮生先生受过良好而系统的城市规划教育，具有深厚坚实的专业基础。从教后他长期专注城市园林绿化的教学和研究工作，曾担任同济规划系副主任，是风景园林专业的学科带头人，1980年被派赴日本进修城市园林工学，几十年来获得过多种奖励。他对“城市规划、建筑、园林”三者的有机联系和辩证关系有比较深刻的理解和认识。《城建 · 园林 · 环境》一书，是他几十年来教学、研究、思考的结晶，内容丰富、弥足珍贵。书中他对城市园林学科定位、定性的论述，提出有关“艺术观 · 功能观 · 环境观”的理论性观点，以及对城市与园林关系的观点都是非常正确的。书中还介绍了日本园林的特色，并比较了中日园林的历史和传统，具有较高的学术价值。

这本书不是一部纯学术的著作，而是体现了理论与实践相结合的思想，这是可贵之处。书中介绍了作者指导和参与过的很多实例，对其中的经验和问题有所评议，而这是更有启发意义的。几十年的教学经历和工作，凝练了作者对21世纪城市建设方向的展望，提出“人工和自然融合”的思想，建议人们通过人化自然（第二自然），即园林绿化的方法来弥补城市化过程中对自然的破坏，而成为城市人工生态系统中重要的组成部分。这是十分有远见的。他很早就提出“以人为本”，人与自然和谐“共荣”，他高度重视“人与环境”的问题。他认为人如果长期生活在环境极差的城市中，人是会衰退的……。很少有学者这样尖锐地提出“环境”问题。

李铮生先生是我在大学时的同窗好友。他认真、勤奋、好学，我十分喜悦看到这本文集的出版，将他的知识、思想带给社会和广大读者，让大家分享。

中国工程院院士
中国城市规划学会副会长
中国城市规划设计研究院技术顾问
邹德慈
2009.3.

序　二

我国经济发展，城市膨胀，人口多，土地、水和能源相对贫乏，环境污染，各类生态系统的功能下降。全球气候变暖，使人类、动植物受到更多疾病的威胁。人类必须谋求生态化发展的新途径。由掠夺自然转为保护和建设自然，以促人与自然和谐的共生关系。

当我读完铮生先生《城建 · 园林 · 环境》一书，受益匪浅。其中大部分论文是在 20 世纪发表的，但不过时。将生态科学的理论贯穿到城市、园林和环境规划设计中去，提出自然是园林绿地的基础；实现人工环境和自然环境的融合，是风景园林实现这一境界的重要条件。对保护环境、社会、经济的可持续发展起到积极作用，不愧于是风景园林专业的学科带头人。

城市建设、园林、环境融合为整体，从而使自然与城市融为一体，得到有机发展的新概念，把公园绿地扩大到自然生态环境的区域范围，走向宏观尺度，包括农田、森林、江、河、湖、海泊等自然资源，促进城乡建设与绿色空间相互协调发展。创造整合的多功能环境，以维护人类健康。

铮生先生在进行绿地建设中重视植物的运用，有了植物，鸟兽聚集，景观丰富多彩，而且这些也是资源。植物在生态系统中具有自净能力，在维持碳氧平衡的同时具有吸收有毒有害气体、吸滞粉尘、杀菌、降低噪声、调节小气候、保护生物多样性等作用，绿地是城市中具有生命的重要基础设施。他呼吁庐山风景区由于树木植被减少，温度升高，林毁失去生态功能；他呼吁自然保护区、风景名胜区和生态旅游区等最重要最棘手的问题就是要积极保护，不能单纯为了经济收入而使绿地遭到破坏，自然生态在衰退；他赞扬“天尽头”滨海风景区建立防护林，昔日的荒沙地成了万亩林海，林区内农田、果园、作物旺盛，创造了良好的生态环境。先生在各类绿地规划设计中，运用多学科的科学技术，以当代人和未来人的总和作为衡量效益的标准。以生态发展为基础，加强社会、经济、环境与文化的整体协调。使人工与自然、城市与园林和谐融合，同存共荣，使子孙后代持续受益的“天人合一”理念，将给人类带来新的活力。

文化是城市和风景园林的灵魂。“天尽头”风景区，据史料记载，秦始皇两次登天尽头观日出，称“天境”即东方天之尽头。汉武帝礼拜日主时建了日主祠，称太阳最先升起的地方，是“天之尽头”。1984 年当地乡民将胡耀邦同志题写的“天尽头”制成碑石立于顶端平台上成为一“新景”。“天尽头”是历史的积淀，存留于风景间，先生主张秦皇宫和日主祠虽毁而不复，可利用故址建一祭日台，将秦汉有关碑石再现，以显示天尽头的特色和历史风貌，为游人观日出，以追溯历史的渊源，增添新景。

这本书的出版，是积累了先生的几十年的教学经验运用到《城建 · 园林 · 环境》一书中，有理论、有实践、有研究与探索，而且有前瞻性。读者必能从书中受益。

原上海市园林局局长
生态园林专家　程绪珂
2009, 5.16.

自　　序

我于1955年毕业于同济大学“都市计划与经营专业”（城市规划专业的前身）留校任教直至1996年退休，在此期间经历了多次政治活动。1956年入党，1957年反右被错划为“右派”，1960年摘帽，但仍处于思想改造劳动锻炼之中，直至1978年才得到真正的平反。

1957～1959年在城市建设与经营教研室工作，给自己打下了比较扎实的工程基础。1959～1976年在同济设计院工作，对于制图、建筑设计方法有了进一步提高，特别是对于高校的住宅，有些研究和心得（完成“机械化养鸡场”一书和住宅方面的文章），1980年经组织公派去日本进修城市园林工学，半年后返校即任风景园林教研室主任，从此同园林建筑设计结下了不解之缘。

2007年同济百年校庆之际，部分“老学生”提出将园林教学工作所写的有关论文整理成册，以供大家学习参考。于是我将有关资料进行整理收入本书，前后共分两部分，第一部分（第1～20篇）为公开发表于城市书刊、杂志之文章；第二部分（第21～30篇）则是历次国内外会议的发言稿，当时大都被纳入到各论文集中。

本书第一篇文章系1956年赴兰州带学生实习时，至附近白银市参观访问，一方面被那里的伟大建设景象所感染，另一方面则为其地形的破坏而感到惋惜，在批判前苏联专家的形式主义之前就对前苏联专家在上海、杭州等地所采取的“形式主义”做法有所非议。20世纪80年代初，将自己在日本所见所闻的园林城建方面的看法和感受，选写了六、七篇文章，其中有些理论至今仍有参考价值，如大阪南港居住区环境设计中的雕塑处理的方式。当然，有些资料现在看来可能“过时”，但是为了完整起见，仍全文刊登。20世纪80年代中期，对园林专业有些争论，因此写了几篇探索方面的文章，如“园林、园林学科、园林教育”、“艺术观、功能观、环境观”以及“城市与园林的关系”等，阐述了本人对园林专业的看法。20世纪80年代后期本人所做的工程，如杭州湖滨绿地规划设计、上海第六人民医院室外环境设计、上海浦江两岸滨江绿地规划设计、深圳市绿地系统规划、山东孤岛新镇同济河设计等，都以其新颖的设计思想和构思而得到建设方的认可。有的思想后来还得到了进一步的发展，如西湖隧道的建设构想，该构想最先于“杭州湖滨刍议”一文中提出。

总之，各篇文章都结合当时工程需要所做的小结，并且照顾各个时期所提出的问题进行了回答，如结合台北举行的两岸生态旅游会议，写了“生态旅游规划——旅游地可持续发展的前提条件”；在全社会探讨如何建设自然保护区的时候，结合所做的工程写了“广东内伶仃自然保护区生态旅游规划”。另外，结合国家建设需要，完成了西樵山、富春江、新安江、武陵源、鸭绿江（辽宁段）的总体规划，本书中做了简要介绍。

1986年任规划系副系主任，负责风景园林专业的工作，先后获得了一系列荣誉。主持教学实践工作并以“毕业设计结合生产实践出人才，出成果”一文获国家教委1989年特等奖；1989~1996年受聘为全国高等学校建筑学学科专业指导委员会委员，兼风景园林指导小组组长，并当选为中国风景园林学会一、二、三届理事；入选美国The American Biographical Institute 1996年出版的世界五千名人录。

退休后本人主要从事并完成《城市园林绿地规划与设计》一书的主编工作，该书为全国高等学校建筑学学科专业指导委员会和城市规划专业指导委员会的规划推荐教材。为《现代建筑史》编写“中国现代风景园林建筑的综述”一节，参加了中、日、韩三国举办的东亚园林探讨会议，并为此撰写论文两篇。

总结我的一生经历和完成的工作业务，主要偏于城建和园林工作，而其落脚点则是“环境”。从各方面看，我们的工作都是在为我们生存的环境而努力，因此，以“城建 · 园林 · 环境”为此书定名。

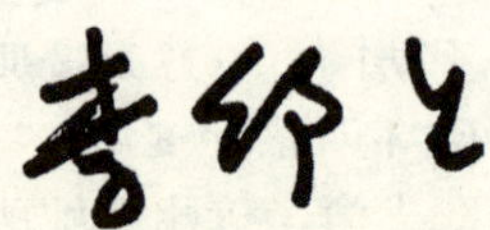

目 录

在起伏地形中应用直线路网的一些问题

城市道路规划的目的，是要把城市各组成部分有机地联系起来，以达到城市成为整体的要求。从理论上讲，城市干道应该把城市中各主要据点（如车站、市中心、运动场、文化休憩公园）之间方便直接地联系起来，而其他的道路走向应该是能顺利地把流量引向干道；由于受到建筑物布置及交叉口组织便利的要求，而形成方格、放射或其他混合式的路网。

城市规划工作者应该看到，在路网布局的后面，还隐藏着一个重要的问题——如何结合地形。为了达到合理和经济的要求，以及必须结合城市地形的实际情况，而往往形成一些曲线形的道路网，这是客观的必然趋势。因此，决不应该把什么方格或放射的路网，生拉硬扯地摆在地形图上，而造成在道路上的进一步设计、街坊的排水、建筑艺术布局上的困难和不合理。但是，在实际工作中，不少人却忘记了这一点，而热衷于方格直线的路网，即使在起伏的地形上也强加以直线几何体形的路网，造成了在城市建设实践上的许多困难。

最近有机会看到某小城市的规划方案，并实地踏看了地形。现在就该规划实践过程中的困难及估计可能产生的问题来和大家研究一下。

这是一个由工矿建厂的需要而规划的十万人的新城市，居住区位于四面为高大矿山所围绕的盆地中，这片盆地是由起伏的丘陵所组成，高差相差 10～20 米；表面为风成黄土所覆，因此，远看过去，犹如一片沙丘；山丘相互交错，间有比较平坦的冲积沟。在这种地区进行规划，比在平坦的地形上要困难些，但如能充分地利用地形并适当加以整理改造，是可以合理地创造出优美的环境来的。然而，这个城市的规划者热衷于平面图上的几何形体的构图，不顾地形的实际情况，而强加以直线的方格路网。这样，一条直线的道路，势必跨过山丘又穿山凹，相距二、三百米的平行路线，也会形成上下相间相互交替的情况。这样，在很多情况下，纵坡就很大，即使是主要干道，也无法避免。如某条主要干道上，既有大于 5% 的纵坡，又有刚上 3% 的坡立刻下 3% 的坡和坡差 6% 的情况，造成了过大的损耗坡度和不良的视线。在这种情况下，如果要想避免大的纵坡，则必然要有大的填挖方，而道路的填挖量太大，则又会引起道路与街坊关系的难以处理。在这个城市的某些地方，为了减低过大的纵坡，要有 2～3 米的挖方，形成很深的路堑，两旁建筑物高高在上，不仅要筑挡土墙，而且交通联系不便。

从另一个角度来看，需要通过道路排除雨水，因此，在起伏的地形情况下，道路应该尽可能与主要谷道、地沟相适应，以满足天然排水的要求。而在这个规划图中，在缓和的曲线地形上，却安上了直线方格路网，当然就难以相互照顾了。再加上某些道路的填方，造成了街坊排水的严重困难，必须加以特殊处理（如街坊普遍填高，管道深埋等）才能解决。

同样，这种追求形式的直线路网，也破坏了自然的优美体形。

由于对埋设管网造成了困难，常使某些管线设计脱离道路而穿过街坊，失去了道路是管线“盖板”的作用。

这些困难是可以克服的，但既成为事实，就只能是补救了，所以应该从根本上去避免这种情况的产生。

这种情况的所以产生，据了解，大概有以下三种原因：

(1)单纯地从规划平面构图上看问题。根据规划者对平面图的解释，好像是有体形、轴线对称和重点突出的。这些艺术上的观点对与不对，且不去争辩，而首先是这种办法实际上做不到。为什么呢？因为这种直线道路在平面图上虽然没有曲折，但实际上却有竖向的曲折，这些曲折、高低的变化，早把人的视野改变或阻隔了。

(2) 街坊的划分，一般按 200 平方米 ×300 平方米的大小为依据，据说周边式街坊采用这样的尺寸是比较恰当的。实际上，按照这个尺度用丁字尺、三角板拉成的线，有的就可能在山丘之上，有的即在山丘之下，有的当然也可以在山丘之中。即使发现了这些问题，也不过是一条直线左右移动，又怎能真正解决问题呢！

(3) 还好像有这样的意思：“为了建设社会主义城市，达到‘美’的要求，改造地形多填挖点土方不在乎，推土机推推平就行了”。却没有想到这样不仅是浪费了资金，而且破坏了自然的美；本来可以很好地利用的地形，却遭到这种人为的摧残，“自然之美”的损失是难以弥补的。

在其他若干新建和扩建城市，也听到和看到过类似的情况。这些情况说明，在城市规划工作中不少受了形式主义及教条主义的影响，直线、对称、周边……在思想中形成了统治的力量，而不去研究实际的自然条件，仔细地分析问题，在这种坡度一般在2%～6%的丘陵地带，采用周边的街坊是否恰当，原来距离最近的直线道路现在是否仍旧方便经济等，大都没有加以充分考虑。至于在弯曲的河岸及山形谷地，地势虽平坦，是否也必须硬性地规划成方格直线式规则的几何形体呢？也是值得讨论的。但是，城市道路的规划，在城市规划中占着很重要的地位，城市道路系统一经形成，就积极地、长远地影响着整个城市的布局和结构，以及城市规划的合理性和经济性。因此，扭转那种主观主义和形式主义的规划设计思想，慎重地研究城市规划与地形的关系，慎重地研究城市规划与一切客观因素的关系，是极其重要的。

此文是1956年对苏联专家所参与设计的白银市规划（在兰州附近，我国的主要铜矿城市，“一五”计划的重点项目）进行批评的一篇文章，从道路网规划的学术角度对当时苏联专家搞的形式主义、主观主义进行抨击。本拟再从其他角度写一篇，但因情况变化而未成。文章发表于《城市建设》1957年第5期。

日本的城市环境绿化

战后日本工业的发展，一方面促进了经济的增长和国民生活的提高，但另一方面又污染了环境，给国民带来了危害，从而促使了人们对环境污染的重视，采取了一系列的措施，收到一些成效。近几年来，随着物质文明的提高，国民生活从“量”的要求逐步发展到“质”的阶段，对绿地、环境、景观的要求越来越高。这种要求形成了一股非常强烈的潮流，一些明智的政治家也意识到这一趋向，而予以关注。如田中角荣的“日本列岛改造论”，大平正芳的“建设田园化城市的设想”，都包含这种思潮的反映。许多地方官员更以“开展城市建设”、“搞好城市环境绿化”、“创造城市与自然共存”等许诺作为其竞选的纲领。因此，在城市建设中对绿化环境比较重视，用在这方面的费用也不断增加。现就笔者所见日本城市中绿化环境的情况做一简要介绍。

园林绿地是现代城市的必要组成部分，世界上一些美丽的城市都是与其园林绿化的成就分不开的。

日本在1956年经济恢复时期就制定了“城市公园法”，以后又定了多种法规，对城市公园的规模、标准以及休息、游戏、运动等设施都做了明确的规定。并组成以儿童公园为基点，小区公园为主体，逐级布置各种公园绿化地的系统（表1及图1)。

城市公园系统的确定对日本城市的绿化环境起了积极的作用，新建的居住区基本上是按照这个规定的。特别是对儿童公园非常重视。儿童公园面积不大，投资不多，容易实现，所以即使在建筑密集的旧城

日本城市公园绿地的分类　　表1

公园绿地分类		内容
基干公园	广场公园	设在城市中心或商业地区，以休息、观赏为主的绿地广场
	儿童公园	儿童专用，有游戏场地、游具、沙坑等，面积指标为0.25公顷，服务半径250米
	小区公园	供小区居民（约10000人）散步、休息等户外活动，面积指标2公顷，服务半径500米
	居住区公园	设有简单的休息、运动设施，面积指标4公顷，服务半径1000米
	综合公园	全市居民使用，有休息、观赏、游戏、运动等设施，面积10～15公顷
	运动公园	以运动为主，设有垒球、足球、网球、游泳池及竞赛场地，面积10～75公顷
特殊公园	风景公园	有森林、山丘、河湖、海滨等特殊景观价值的地区
	动植物公园	设有供观赏的动植物园地
	历史公园	有历史文物、名胜古迹及纪念物的地区划为公园保护
	墓园	烈士陵园、帝王陵墓以及对公共墓地加以美化利用，供人游憩
	其他	如教育儿童遵守交通规则和增进交通知识的交通公园
大规模公园	区域公园	为附近几个城市服务的大型公园，有自然景色和娱乐设施，面积大于50公顷
	游览城市	大城市或城市群地区，在优美的自然风景区内设置多种娱乐游憩设施，面积可达500～1000公顷
	国营城市公园	由国家经营的公园，一种是为全国或区域性范围服务，一种是将有特殊历史文化价值的地区加以保存
绿地	防护绿地	防止空气污染、噪声、振动、恶臭、火灾、爆炸等危害，常设置在工业区与居住区、业区之间
	城市绿化	生长得良好的树群或为了城市景观需要而设置的绿地，对城市环境美化有积极的作用，面积0.1公顷以上为宜
	步行绿道	步行或自行车行驶的专用公园路，既舒适又安全，把公园、学校、商业中心、车站前场联接起来，在火灾或地震时作为避难道路

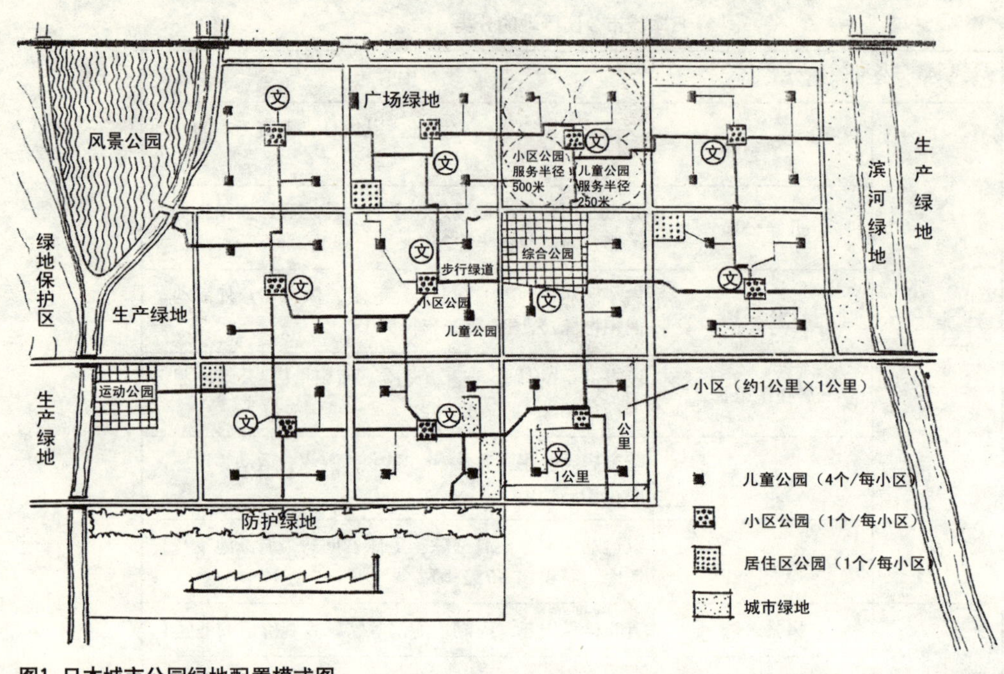

图1 日本城市公园绿地配置模式图

区也千方百计寻找地方加以设置。在这些儿童公园的近旁还常设有老人的休息场地，以及儿童室、老人之家、居民图书馆等，形成了周围居民的活动中心。儿童公园在居住区内星罗棋布，不仅为儿童的健康成长创造了条件，而且在城市中洒下了绿点（图2）。

城市公园的面积不断增加，公园的质量也在提高。据报道，城市公园的面积在1949年平均每人1.6平方米（按城市人口计算），1967年平均每人2.4平方米，1980年平均每人4.1平方米，近十余年来每年平均递增0.1平方米以上。按日本建设省的规划，到2000年，城市公园绿地将达到每人20平方米，说明日本准备在这方面投以更大的力量。

图2 居住小区内的儿童游戏场

一、新区绿化对居民的吸引作用

日本城市的人口在经济发展时期增长很快，特别是东京、大阪、横滨等大城市人口密集，居住拥挤，环境差。随着生活水平的提高，人们对居住环境的要求越来越高，不仅要求有足够面积和齐全设备的住宅，更要求良好的居住环境。由于这个原因，许多人宁愿每天多花 1 ~ 2 小时的交通时间而迁居到新建的卫星城镇中去。在那里，有较好的居住环境，这包括有舒适的住宅，完善的文化商业设施，以及良好的公园绿地。特别是和谐协调的空间和完整的绿化系统所构成的恬静、安闲、舒展的环境，清新的空气，苍葱的树群，悦耳的鸟语，都是城市中心地区所无法获得的。这样，在紧张工作之后，回到居住地就能得到休息。正是这种环境吸引了人，对城市人口疏散产生了积极的效果。如大阪市附近自 1967 年陆续兴建了千里、泉北等卫星城镇，市区人口由 1965 年的 315 万下降到 1978 年的 270 万。这样也为大阪市中心地区的改建创造了条件。

正是基于这些设想，日本新建的卫星城镇，在绿地环境方面做了很大的努力。如大阪府的泉北新城，绿地面积每人达 18 平方米，占用地的 22%。还尽量保留了原有的绿化和自然地形，按照公园绿地系统恰当地布置了儿童公园、小区公园、居住区公园等，并设置有完整的人行步道（可行自行车）布置在绿带中，通过这一绿道把各种设施贯穿起来。这样，居民从其家门口几乎可以不穿过车道（与车道相交处均采用立交）而到达公园、生活中心以及车站前广场。少年儿童也可以踏着自行车通过这一绿道去游戏场、幼儿园、小学而不必为安全担忧。这条绿道把人们日常生活的据点联接在一起，成了人们户外生活的主线，它也成为现代卫星城镇中重要的特征和具有吸引力的措施（图 3）。

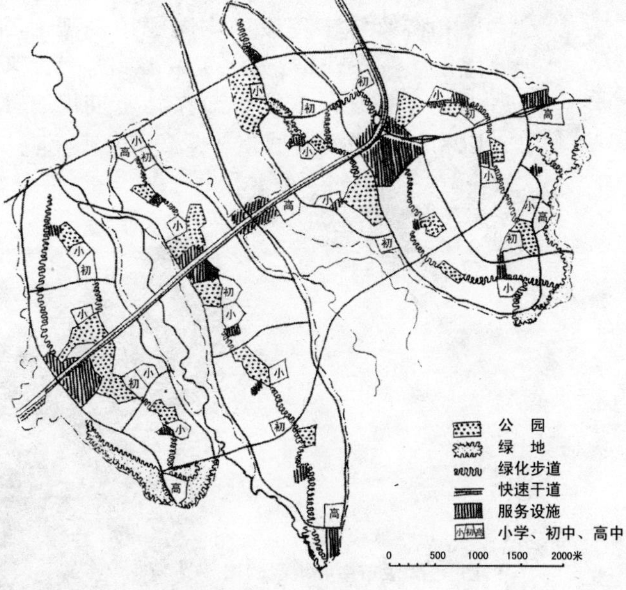

图3 大阪府泉北新城绿化步道系统图

有的居住区大部分尚在进行土地平整，却已按规划把儿童公园先造好了，幼儿园和小学也正在修建中。日本的城市人口是不受行政控制的，环境良好是吸引城市居民迁居的重要手段，因此先建了儿童游戏场、公园等，使人易于决心把家搬到新区来。由此可见，新区的环境绿化对疏散大城市中心的人口可产生积极的效果。

二、街道和滨河绿化

日本许多城市的街道原来比较窄，植树带和行道树并不普遍，原有的绿化基础一般也不好；土地私有，地价昂贵，房屋大都沿控制线建造，形成墙式的街道，很少有广场和绿地。但20世纪70年代以来，多方设法改变这种状况，新建道路常设有绿带种有行道树，还有灌木或匍地植物或草皮，不见裸土，减少了街道尘土。路边种植的杜鹃、山茶等花木，在鲜花盛开季节，把街道点缀得颇为美丽。

再如，新建的建筑，在保证业主建造量的条件下，用提高层数补偿的方法争取在沿街留出部分地面，使私有的土地成为公众使用的广场绿地。这样就使街道在局部地段扩展了空间，经过精心设计，丰富了街景，取得一些效果。

又如，有的城市利用街道转角处的面积（行车视距三角形的范围），撬去部分水泥铺面，种花植树；不便挖去的硬地，则放置一些大型花盆，经常更新，鲜花盛开。这些措施对绿化条件很差的闹市也起了些补救作用。

水是一种景观资源，有波光、水影、游鱼、水禽，可划船、垂钓、观赏、游戏。在20世纪60年代日本有些城市的河道也曾被污染，变色发臭，恶化了环境。但通过治理，河水逐步恢复了自然生态，这样水面和滨河地带就成了城市绿化的重要地段。如经大阪市中心的一条旧淀川河，河水清洁，水鸟游翔，沿岸的旧房屋被拆除，辟为散步绿带，新修的护岸和桥梁等工程设施均考虑了景观上的要求，这样就在城市中心地区嵌上了一条翠带，美化了城市（图4）。又如在闹市的小浜中加设了喷泉，丰富了景观。有的小河在枯水期仅有几厘米高的水层，也作为水景加以利用，增添了城市的景色和趣味。

图4　大阪市中心地区的旧淀川河

三、屋顶绿化

日本城市的建筑密度仍是很高的，大城市尤甚。除了一些控制的公园绿地外，很难找到绿化空地；在一些新建筑的地区，特别是中心地区的大型高层建筑，常采用屋顶绿化的方法来加以弥补。通常采用两种方式，一种是“绿裙”，在高层建筑平面的外圈低层部分的屋顶上种以树木花草，作为休息、娱乐、停车的平台。另一种是在建筑的最顶层设置屋顶花园，经过适当处理可以成为营业的茶座、眺望的平台、儿童的游乐场等，这些屋顶不仅是使用面积的扩大和引申，并且也使屋顶在观感上得到美化。

屋顶绿化采用常绿的灌木为多，其覆土深度为 40 ~ 60 厘米，也有种乔木的，常局限在 80 ~ 100 厘米高的植树筒内，并采用专用的土壤以减轻屋顶荷载。

四、新型的工厂环境

日本在工业发展中，曾产生过许多公害，导致了社会问题。20 世纪 70 年代人们开始重视环境问题，并认识到厂区的环境对生产的影响。工厂的建筑、周围的绿化甚至建筑小品都可以对职工心理产生影响，从而对生产效率、产品质量产生影响。故而出现了一些从环境角度进行设计的工厂。在城市规划中也进行了统一考虑，设置了宽阔的绿化隔离带。在一些新建工业区，从生产要求、防止公害、绿化设计等多方面进行统一规划。据报道，日本工厂的绿地面积在 20 世纪 60 年代初仅占厂区面积的 3% 左右，而近几年来普遍达到 20% 以上，这在土地紧张、地价昂贵的日本不能不说是一个巨大的变化。

我曾参观了大阪的新日铁和关西发电所，环绕厂区，听不到震耳的噪声，闻不到刺鼻的臭味，看不见浓色的烟雾，所见的是漂亮的厂房，清洁的环境，自然的树林，像高级的研究所一样（图 5）。因此，这两个工厂就不仅以其先进的生产技术而闻名，并且以美好的环境而获誉。据介绍，过

图5　日本关西发电厂撒籽种的数群，半年已成林

去前往参观的大多是研讨关于生产技术的，而近年来参观工厂绿化的人不断增加，甚至超过了前者。由此可见，绿化环境越来越引起人们的重视。日本的工厂绿化有一个特点，就是除了少数地段采用公园式做比较精致的布置外，大面积的绿地都运用植物群落的方式，几种相辅的树种用小苗或撒种的方式种植，花钱少，生长快，效果好。有的撒子不到十年，树木已成林，它不仅具有防护隔离林带的作用，并且郁郁苍苍，群鸟栖息，构成了一个生机勃勃的自然环境，给人留下深刻的印象。

原文刊载于《建筑师》1982年第五期。

日本大阪市南港新村环境设计

20 世纪 60 年代后期以来，随着日本城市和经济的发展，在大城市郊区陆续兴建了一些卫星城镇。它们对于疏导大城市的人口，提高居住水平，改善城市环境起了有益的作用。这些卫星城镇的居住区大多是按照现代规划的思想来进行设计的。它不仅具有良好的住宅和生活需要的各项福利设施，并且以创造舒适、安静的居住环境作为其指导思想。大阪市南港新村就是这类居住区的代表之一。

大阪南港是日本最早大规模填海造地的实例之一。自 1958 年开始用地铁弃土填海兴建，经过二十多年的经营，现已基本建成为一个面积 900 公顷规模的现代化新港区。在港区用地规划中考虑安排了 100 公顷的居住区——南港新村。南港新村的规划是在 20 世纪 70 年代初制定的。1975 年开始动工，现已基本建成。成为大阪市近几年来市政建设成绩的一个橱窗。

新村规划人口 4 万，住户 1 万，分成四个小区，每一小区 1 万人。居住建筑全部采用 13 ~ 17 层的高层住宅，居住毛密度每公顷 400 人，净密度 800 人。每户平均居住面积 66 平方米。设有邮电、银行、商店、医疗等完善的服务设施，以及适应居住人数的中学、小学、幼儿园等文教设施，并采用了自动控制的高架电车和垃圾空气输送等先进技术。

现就该新村有关环境设计的几个方面简述于下：

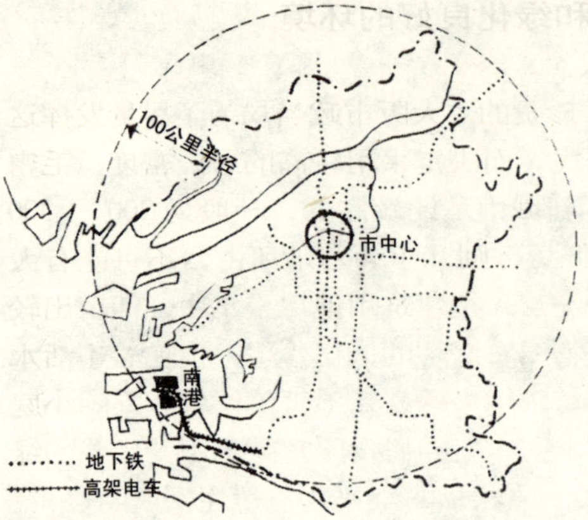

分区与道路——创造交通便捷居住安静的环境

南港新村距大阪市中心约10公里（图1）。为了加强与市中心地区的联系，兴建了一条自动高架电车线，由于声响很低，故可以直入新村的中心地带。居民到车站不超过500米，乘上新式自动电车，再转换地铁可很快地到达城市各处。由家里出发至市中心，一般在30分钟之内（包括候车）。在附近港区工作的职工可以不用车辆，在城市其他地区工作的居民也可以采用便捷的公共交通，在较短时间内到达。故而该新区成为居住和工作十分方便的居住地。这在日本的大城市是非常难得的。这样就提高了南港新村的吸引力和价值。

新村里有齐全的生活设施，均可步行或自行车到达，居民外出有便捷的公共交通，这样就减少了居民对家庭汽车的需要，可少用甚至不用。加之新村采用了垃圾输送管道，免去了垃圾车的进入。

在道路分级与居住组合的划分上，也避免了与居住区无关车辆的驶入，并将居民的车辆停放在居住区外围的停车场，在道路系统上对车辆进行层层控制，与小区无关的车辆不会穿越小区，更不允许机动车辆进入居住区。这样就保证了居住环境的安全和宁静，减少了居住区内的车行里程数，也就从根本上减少了车辆废气和噪声的污染源（图3）。

图1　南港新村在大阪市

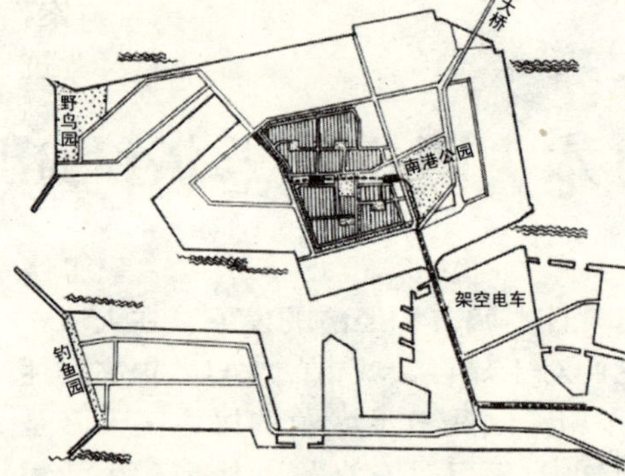

图2　南港新村与周围地区的关系

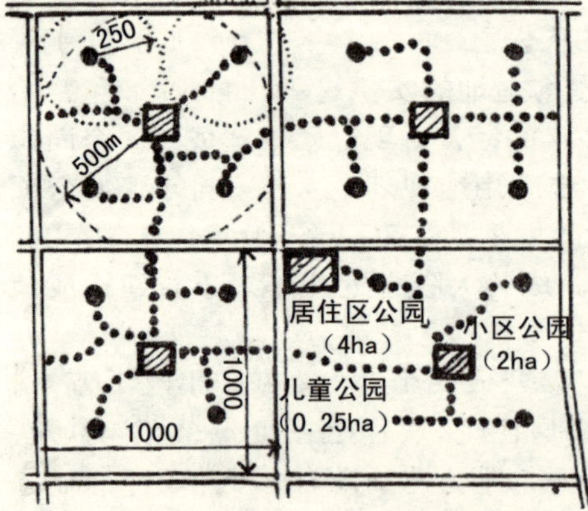

图3　南港新村总平面图

绿地与空间——创造空间宽敞和绿化良好的环境

日本大城市周围的土地是非常珍贵的。大阪市政当局为了尽量发挥这块土地的价值，争取容纳更多的居民，而决定采用较高的居民密度，毛密度每公顷 400 人（这个数字在日本新城中是比较高的，一般为 200 ～ 300 人）。要达到这样高的密度，如果低层，则几乎为基地所占，不可能有大片的绿地面积；另一种办法是采用高层，把建筑用地尽量集中，而留出较多的绿地。日本人，特别是老年人喜爱有庭院的低层住宅，但随着生活水平的提高，日本人民对绿化环境的要求越来越高，不再停留在各家的小庭院，而希望有大片的公共绿地。日本很多新的居住区正是利用其优美的绿化环境、宽敞的空间来吸引居民。设计者根据市政当局对居住密度的要求，为了争取更多的面积作为公共绿地之用及所处的地位环境等，经过多种方案的比较，并通过电子计算机的分析，而采用了现在的高层住宅方案，并采用多种方法（如垃圾输送系统，电视转播台等）来弥补高层建筑带来的弊病（图 4）。

对空出的面积经过精心设计得到较好的效果，创造了安静闲逸的环境。

首先按照日本公园绿地的规定设置了儿童公园、小区公园和居住区公园，形成了一个完整的绿化系统（图 5）。

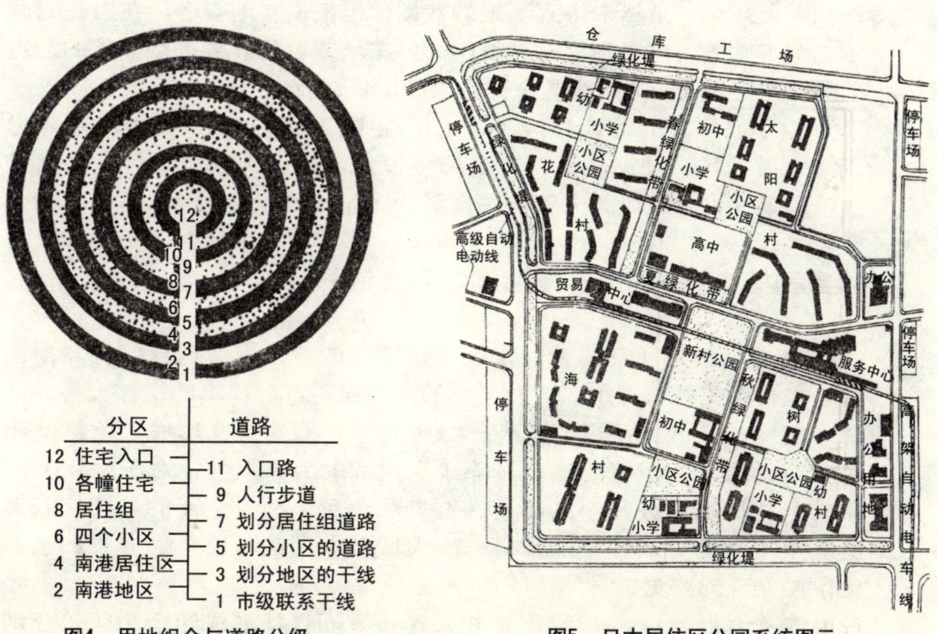

图4 用地组合与道路分级

图5 日本居住区公园系统图示

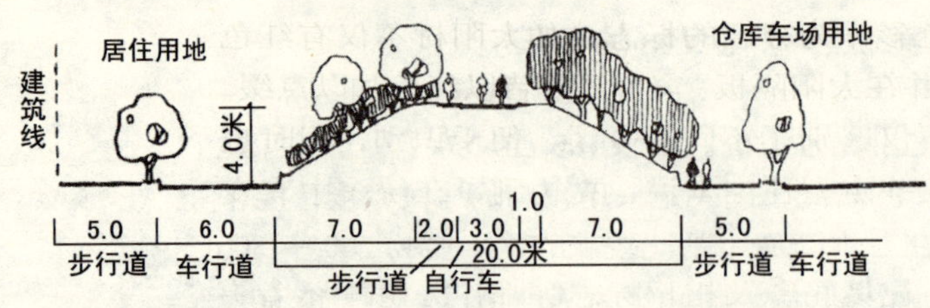

图6 防护绿带堤剖面

除了公园以外，在居住区的中间地带还设有一条30米宽的绿化带，这条绿化带尽量采用自然式的布置，有水溪、置山石，可戏水、听鸟鸣，确有一番自然景致。绿带中设有行人步道，并设亭、布椅，便于散步、坐息、观赏。在此环境中游憩可以获得自然的信息，这对于大城市的居民来说是颇为可贵的。

绿地根据道路的布置划分为三段，分别称为“春”、“夏”、“秋”，并按此季节主题来布置绿化。如“春”的绿带中以春花清溪为主，其东面是低层的中小学，这样春天的晨曦能及早照进绿化空间；“夏”的绿带则林木浓郁、荫湿幽静，并有一开阔的水池广场，周围有草地和坐阶，便于傍晚纳凉；“秋”的绿带则以枫槭为主，叶色丰富，并以高层建筑相衬，夕阳照射下分外妖娆。可见从景区划分、季节变化、用地选择、建筑布局、景观气氛、树木种植和水溪特色等各方面都围绕着这一思路做了细致的布局和设计。形成既是连成一体又各有景色，情趣比较出色的绿化流水带。

在居住区外围还筑有一高4米宽20米的绿带堤（图6）。这样就把居住用地与附近的仓库、工场、停车场等分隔开来，视线上和声响上的影响大大减少。虽然未得到测定的数据，但根据实地观察，在居住的一侧完全不知道跨过绿带堤有着喧闹的停车场，可见其效果是显著的。这条绿堤亦作为人行的散步道来进行设计，兼有散步休息的功能。

除了居住区的绿地外，在建港用地中，结合有利的条件，还考虑了海水游泳场、滨海钓鱼、野鸟园等设施，不仅为南港的居民提供了优越的条件，并且成为大阪市民良好的游憩场所。

形象和标志——创造形象明朗色彩协调的环境

南港周围是辽阔的大海，远处是逶迤的群山，海鸟自由翱翔，构成一幅自然美景。再加以富有节奏的高层建筑群和跨港的宏伟大桥，形成了美丽的空间。碧海、蓝天、绿树和米色的建筑又形成了色彩调和的景观，给人以很好的感受。除了大空间的效果以外，对于居住区内部的一些街道设施和小品等也在造型和色彩上做了全面的考虑，而得到一个丰富协调的环境效果，一改大城市中动乱不稳定的形象和色彩上刺激杂乱的感觉。

整个居住区，利用绿化带和公建布置而自然形成四个小区，分别称为太阳村、树村、海村、花村；并各以红色的太阳、绿色的树、蓝色的海和橙色的花的形象和色彩作为分区的标志。如太阳村不仅有红色的太阳和号码标于住宅上，并在太阳隔板、窗台等处皆以红色加以点缀。通过这些局部色彩的处理不仅区别了不同的分区，便于识别，同时也丰富了环境。特别是对于某些定型住宅来说，更达到了在统一中有变化的效果。

新村里的一些灯、凳、垃圾箱以及指示标志等都作为整体环境的一部分来设计，既符合本身的功能，有自己的特色，又是统一协调的。这样，就使新村到处呈现出一种和谐悦目的形象。

另一个引人注意的方面，是新村规划中考虑在绿化地区及道路广场等处设置了15个雕塑或造型的建筑小品，借以点缀和丰富环境。每一造型所处的环境、位置、大小、形象等都经过专家的讨论，制定了要求和作出了规定，如定名为“春芽”、“凉风”、“跃”……而后每年拟建造一处，在建造前根据已定的要求采取竞赛设计，采取何者，不仅请美术家来评定，并且也有居民的评议。这样就使新村的居民非常关心自己周围的环境、面貌和建设。每年一度的评选和建造活动就会出现一次议论的热潮，这样，15个项目按计划就要延续15年，可以形成在持续中有高潮，在兴奋中有孕育，使新村的居民真正成为多价信息的参与者，并经过多年的积累，就会产生一种对自己居住的环境抚爱依恋的感情，得到精神上的满足。这也是环境设计的一大功效吧。

本文发表于《建筑学报》1982年第12期。

日本横滨步道公园

横滨已跃居日本第二大城市，随之也产生了大城市所具有的一系列弊病。为了把横滨建设成经济繁荣、生活舒适、富有生气的现代城市，横滨市政当局制定了一系列的政策和措施，如改造市中心地区的环境，开拓步行区，增辟绿化广场，为人们提供安全、方便、舒适的活动空间等。通过努力，取得了一些成效。

1. 结合中心地区的改造，采用了建筑容积率的优惠政策和给业主奖励的办法，来扩大开敞空间，增加绿地面积和公共设施，使之成为公众使用的绿地和广场，如在市中心开辟了一条长1200米，宽30～40米、面积3.6公顷的带形街道公园，成为市中心地区的轴心绿化空间。这在土地私有制、地价昂贵的地区得以实现确是件不易之事。1978年建成后受到各方面的好评，在日本城市建设中起到了促进作用。

随着城市的发展，“绿”在消失，“水”被疏远，自然生态遭到破坏，造成城市中自然的匮乏。如何在市中心地区引入自然的信息，改变那种日间人群攒动，夜时沉寂荒漠的情景，是设计的重要着眼点。为此市中心街道公园中绿化步行道面积占2/3，其余为“水”的广场和“石”的广场，并尽量采用天然材料，而不是铺以人造的混凝土。在绿化步道上，绿树葱郁、鸟语花香，一派自然景象。它成为以混凝土等材料构成的人工环境中的一块绿洲，为人们获取自然信息的重要窗口。

“水”的广场，运用喷泉、瀑布、跌水、滚水和漩涡等水的表演取得丰富的景观效果，引人注目。耳闻叮咚的水声，仿佛回到大自然的怀抱，如果有意溅上些水珠，触及一下水体，更会享受到大自然赋予的无穷乐趣，摆脱街市的喧闹、获得片刻的宁静。

2. 把具有使用功能的设施与造型艺术要求结合起来取得综合的效果。如中心街道中“石”的广场，是供纪念、演出等集体活动使用的露天广场，有一个低于地面的表演台，周围有可坐观的石阶和两个塔柱组成的门道，还设有雕塑和花台。在需要时，塔柱前的台阶和表演台周围分别可容纳 500 人及 3000 人的空间，在组合上是这条带形街道公园尽端的一组建筑造型，是人们坐息、社交的场所。

3. 运用空间分隔手段，充分发挥用地效益。一些广场面积并不大，经过精心设计，可获得较好的效果。如市政厅前广场，总面积 5730 平方米，其中步行道为 2650 平方米，停车场占 950 平方米，留下的绿地面积是很有限的。但在布置上利用台式花坛把人们坐息的空间和步行穿越空间分隔开来，各得其所。又将停车场地坪下降约 30 厘米，再用修剪成斜向的灌木遮之，则不论是步行或坐息的人，由于视线受到绿化的控制，而看不到紧靠停车场上的车辆，却看到广场边缘的行道树。这个广场绿地不大，树木不多，通过简单的处理，却达到了较好的空间效果。

4. 对街道的灯、指路牌、布告板、坐椅、花盆等小品的造型非常重视，并力争有独特的形象。如指向标志，形体很小，线条简单，就那么几个类型，但由于它在城市各个街口不断重复出现，加之造型别致，以致给人以深刻的印象。当看到一张图片，不知是什么地方，但只要看到指示标志，就可识别是横滨的镜头，这就是造型特征给人的信息反映，难怪设计该路标的景观建筑师在介绍时表露出一种自豪感。

5. 想方设法寻找城市的历史痕迹。

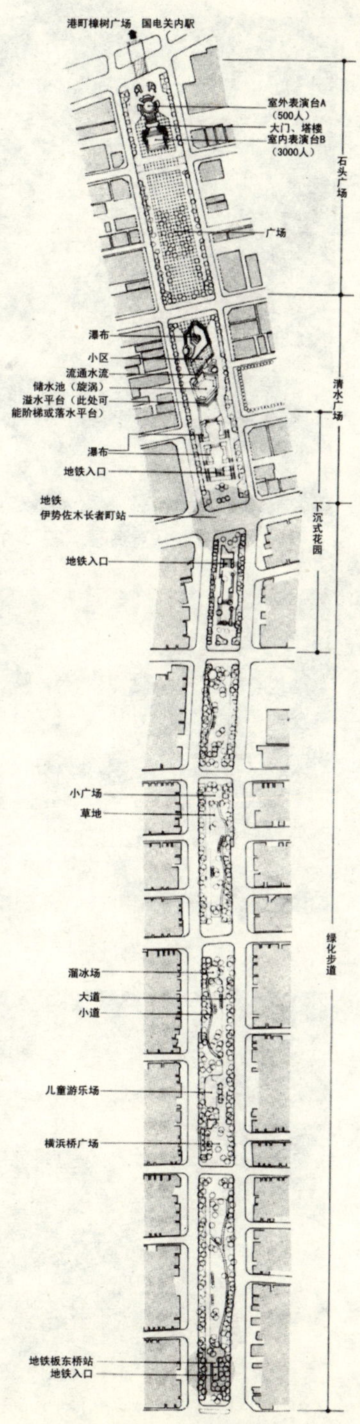

图1 街道公园平面图

图2 从屋顶看“石”的广场

图3 “水”的广场

图4 步行道

图5 绿化步道

图6 山下花园前广场

图7 “石”的广场

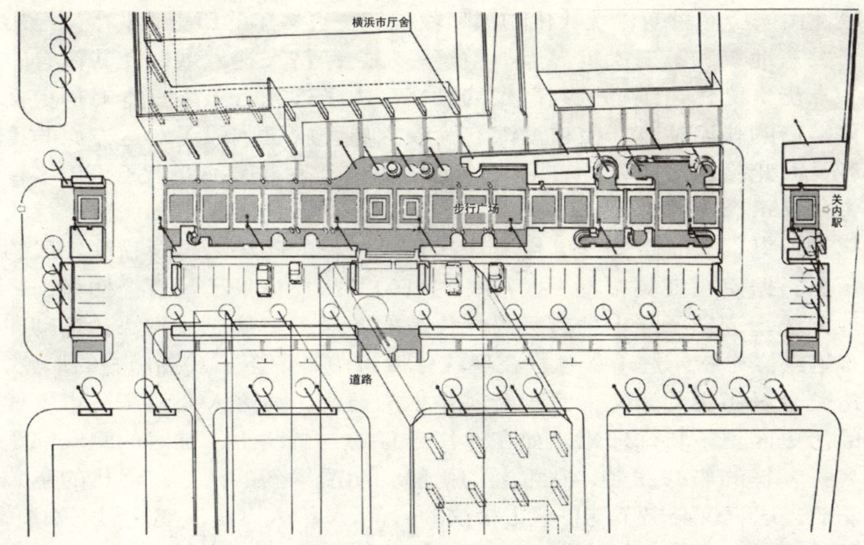

图8 市政厅前广场鸟瞰图

图9 市政厅前广场

图10 指向标志

图11 画有图像的陶制块

横滨由一个渔村变成现代化的国际城市仅一百多年的历史，其中又经历了关东地震和第二次世界大战空袭。加之经济飞速发展，使其仅有的一点历史文化遗迹也遭到严重的破坏。由于近几百年来日本对历史文化财产的普遍注意，使横滨深有欠缺之感，就更加强了对这方面的重视，因此除了对遗留的有限的历史文物加以悉心保护外，还采用多种方式来追念一些与城市发展有关的历史。如河已填了，却保留着桥的形式。更引人注目的是制作了一些花式图样的陶块来再现横滨发展的历史。据说在征集方案中，市民们极为踊跃，提供了数百个图样，经过评选，选择了几十种有历史性代表的图样方案烧制成陶块，铺砌在步道或嵌于指示牌中。这样在现代化城市中，留下了一点历史的形象，给长者以历史的回忆，给少者以乡土的教育，给客人介绍了城市发展的历史而留下特殊印象。如在通往港口的一条路上，铺嵌的陶块都是各式各样的船的图形，有古老的帆船、明治维新的汽船、现代的集装箱船。这不仅突出了港口城市横滨的特征，又给人以船演变的形象知识，同时指引出这是一条与港口相连的路，其构思之深，的确令人赞赏。

本文发表于《世界建筑》1985年第2期。

日本地下商业街

现代世界上有些大城市除了建有作为交通的地下铁道以外，还兴建了一些以商业为主的地下街，扩展了地面面积，构成了立体空间，对缓和城市用地的紧张，改善城市地面交通的拥挤发挥了一定作用。日本是世界上地下街最多的国家。

日本地下街的兴起

日本的地下街是随地下铁道的兴建而发展起来的，早在1930年东京修建了第一条地下铁道，在地下通道的两侧自发地产生了一些商贩，有良好的商业收益，并有利于管理，这样，在以后的地下铁道修建中，在某些地下通道就有意识地设置了一些小商店。第二次世界大战以后，1955年东京建成了第一条长100米的地下商业街，接着日本许多城市效仿兴建，迅速发展起来了。在1955年其面积总共约3万平方米，而20世纪70年代初已增至70万平方米,其中规模大于2万平方米的就有10余处,速度之快，规模之大，极为突出。其原因除了日本的经济实力和技术力量以外，则是与日本城市发展过程中所产生的某些问题密切相联的。日本大城市中心地区人口稠密，建筑拥挤，环境恶化，车行效率低，交通事故多，臃肿混乱，地下街正是在这种情况下寻找解脱困境的方法之一。

1. 日本土地私有，大城市中心地价昂贵，用地紧张，改建困难，结合道路广场开拓，修建车站，而把一些商店转入地下；

2．结合地下铁或大型建筑地下室的修建，将地下通道增宽扩大，作为商业之用，工程方便，投资增加不多；

3．市政当局或株式会社有计划开拓一些地下面积作为地下街，出租给商店，不仅可以缓和用地的紧张而且其收入可大于其开发费用，得到收益；

4．采用地下街可以解决局部地段人车过分拥挤和相互干扰的弊病；

5．地下街完全是人工的空间，摆脱了汽车的威胁，空气的污染，并且可以按照设计主持者的意图来安排各项设施，创造一个比较完善的环境。

基于市政建设的需要和经济上的效益，从而使地下街迅速发展起来了。

地下街的功能与作用

1．购物中心

地下商业街除了一些必要的通道和设施外，其面积主要作为各类商店之用，通常以饮食、食品、服装、百货为主。如大阪的"虹"地下街，长有1000米，宽50米，在宽阔的步行道两旁商店毗连百货、衣料、食品、医药、饮食、服务行业等各类店铺310家，营业面积15440平方米，商品琳琅满目，装饰得五光十色，形成一条繁华的商业街。

2．交通枢纽

有的地下街是地下铁的连接通道，有的与大型商店、办公楼、快速电车站等相联系，有的是换乘车的联系道，每天有大量人流由此通过，

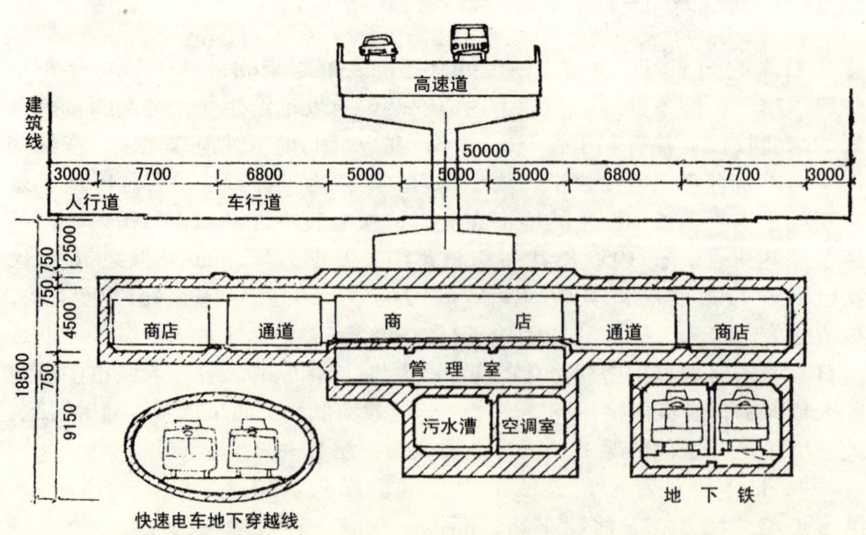

大阪"虹"地下街剖面之一

为此除设有自动扶梯、踏步楼梯外，有的还建有自动人行道，通过这些设施把地下街与地上、地下的车站、广场、停车场、大型建筑联系起来构成一个空间联络体系，有的缩短了交通路线，节省了时间，有的避免了与车辆的交叉，保证了安全，因此这些地下街成了繁忙的交通道。

3．休憩场所

有些地下街除了商店以外还设有各种游乐和休息设施，并用灯光、水、花、树来装饰一些空间，供人们休息、观赏，加之有良好的人工气候，冬暖夏凉，环境舒适，而成为人们乐意休息逗留的地方。

地下街的这些综合性功能吸引了大量的人流，如大阪市中心梅田地下街平均每天有150万人往来（超过大阪市人口的一半），有的购物，有的穿过，有的游逛。也正由于每天有大量人流进出，其商店营业的效果特别好，租金收入也高。这样也就吸引了投资来建造，成为显耀财力、技术和采用新的设计思想的地方。如大阪的阪急三番街，是一个位于车站下的三层地下室，面积近8万平方米，空间上大胆地采用“水”这一自然因素的各种形态：瀑布、雨丝、喷泉、溪涧、水池等把三层地下商场上下左右前后组成一体，并有雕塑、小桥、绿叶、鲜花来装饰打扮，成为一个完整的空间环境，因此它不仅是一个三层的商业购物中心，并且也是人们乐意游息、玩赏的场所，吸引了更多的人，得到了其商业上更大的收益，并使整个地下建筑本身起到商业广告和橱窗的效果。

地下街发展的争论

地下街增加了土地的利用率，促使城市走向立体发展，有利于中心地区的改建和繁荣；地下街使大量人流转入地下活动，疏导了交通，缓和了人车的矛盾，避免了车对人的威胁，发挥了车行的效率；地下街与地下铁、快速电车站、大型百货商店、办公楼等的联系，安全快捷，节省了时间，提高了效率；地下街创造了一个比较统一理想的空间，丰富了人们生活。这些优点促使了日本在20世纪60年代后期热衷修建地下街的情况。但是，在繁荣的地下街中又蕴藏着一些问题，引起了争论，故而近几年来地下街的发展受到抑制，其主要因素是：

1．安全的忧虑

地下街集中了大量人群，并且地下街中饮食店之类使用火源的店铺日益增多，又有大量化纤等易燃物品，存在着不安全的因素，特别是1972年大阪千日百货大楼火灾，造成118人死亡，引起了人们对地下街的忧虑，偌大的地下街，成万的人聚集在一起，一旦出现了灾情，能否及时安全疏散提出了疑义，故而在1973年有关方面发出了关于地下街使用问题的通告，对地下街的防灾、卫生、交通等提出了严格的要求，因此近几年来，日本政府对地下街的发展采取谨慎态度，其新建或扩建均需经过有关方面严格的控制和审查。

2. 大量的投资

在日本一些城市中心地区由于地价昂贵，相比之下开拓地下所耗费的投资可以获利，但实际上地下建筑所花费的代价要比地面建造高许多倍，因此当经济并不充裕的时候，就不会花那么多的财力去开拓地下，故而应该看做是个别地段的特殊情况。

3. 混沌的空气

地下街虽有人工气候，但大量人流集聚，卫生情况不好，其粉尘浓度比一般建筑物内部高5～10倍。同外界相比，地下街内的空气是相当肮脏的。

本文发表于《城市规划汇刊》1983年第6期。

日本庭园史简述

日本古代的苑园

据历史记载，公元一世纪，日本有一百多个小国，公元 57 年（东汉初），日本使者来中国进贡，汉光武帝赐给“汉倭奴国王”金印，开始受到中国文化影响。公元三世纪大和国兴起，立天皇，疆土不断扩大，在五世纪统一了日本。八世纪日本人所写的《古事记》（完成于 712 年）和《日本书记》（完成于 720 年）中记载有历代皇居中宫苑的鳞爪，可以了解到日本古代苑园的大概。书中提到 3～4 世纪孝照天皇有掖上池心宫，崇神天皇有矶城瑞篱宫，武烈天皇有泊赣列城宫，这些皇宫外绕有池，或土城围绕，有列植的灌木，用植物材料编制的墙篱及宫苑里有赏乐性的池泉等内容。并有“宫之池放养鲤鱼”，“穿池起苑，以盛禽兽，而好田猎，走狗试马，出入不时”之类的记载，从这些文字中，可以想见这些宫苑和中国周代的灵囿相类似。书中还提到仿汉土曲水宴之景象。

奈良时代的庭园

从大化革新到奈良末期（645～780）由于建都于平城京（即奈良）史称奈良时代。此时出现了较为发达的文化。

公元 552 年（南北朝）佛教经中国、朝鲜传入日本，高度繁荣的中国文化、建筑、雕刻、绘画、园林等均随之而流传到日本，促使了日本文化的觉醒。奈良时代的文化主要是贵族文化，他们憧憬中国的文化，喜作汉诗、汉文。汉代的“三山一池”神仙境（指汉建章宫太液池中筑蓬莱、方丈、瀛洲三山）也影响到日本的文学和庭园。如当时日本人写的诗文中即有“命鸠游山水……鹤入蓬瀛”，“岫室开明镜，松殿浮翠烟，幸陪瀛洲趣，谁论上林篇”之句。在庭园方面，推古天皇（593～618）在宫苑的河畔、池畔和寺院境内，布置石造“须弥山”，作为庭园主体。其臣苏我马子在飞鸟河畔营造府邸，在“庭中开水池，仍兴小岛于池中。”许多皇宫和贵族府邸庭园的营建均以中国的造园为其楷模而仿效。

根据对奈良时代园林遗址的发掘，证实当时园林已初具规模，它的基本要素是自然山水型的池和岛，如平城宫内的南苑、西池宫、松林苑、鸟池塘等多泉石之美，并以摹写海景为主题，池中设岛，还筑有瀑布、溪流，可视为日本池泉庭园的起始。庭园建筑也有发展，如湖畔的“滨台”（又称滨楼）为后代“钓殿”建筑的始原。

平安时代庭园和《作庭记》

公元794年恒武天皇迁都平安京（即京都），日本进入了辉煌的平安时代（794～1192）。平安京山水优美，都城内多池塘、涌泉、丘陵，土地肥沃、树草丰富、岩石优良、自然条件优越，非常有利于园林的发展，当时贵族宅邸和寺院庭园都很兴盛。据载恒武天皇时期主要建筑均仿唐制，苑园多用天然湖池和起伏的地形，恒武建造了模仿汉上林苑的“神泉苑”。

平安时代中期，日本宫廷贵族仿效中国宫殿建筑，创造了日本的寝殿造建筑，结合自然的泉池，而产生了与其相配合的寝殿造庭园。其典型布局为：寝殿前有行事礼拜的广庭（南庭）前池，池中有岛，最大的称中岛，近侧有斜向架桥，与前庭相连，池的对岸堆山，引入池的溪流分两股。一股从建筑旁和廊下穿过，另一股从假山中流出造成瀑布。池岸和水中点缀石，园中种梅、樱、松、枫、柳等植物。池中有画舫回游，供人在水上观赏园林景色，并有诗歌管弦伴助饮宴，这种园林是当时统治者享乐活动的舞台（图1）。

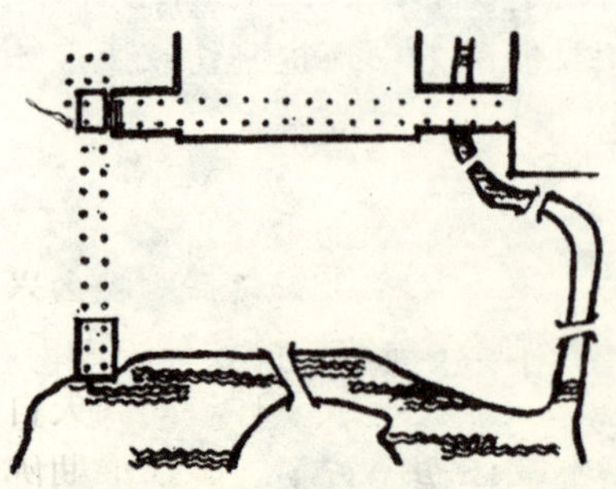

图1　寝殿造庭园遗址

在平安时代的寺庙中，盛行净土庭园。平安中期以后佛教净土思想普及，净土庭园受到曼陀罗构图的影响，有明确的中轴线，大门、桥、中岛、金堂和三尊石组等都组织在一条中轴线上，池中种植莲花这种庭园设计的主导思想是创造一种理想的极乐净土世界的庄严气氛。净土庭园的池也可以泛舟游赏。

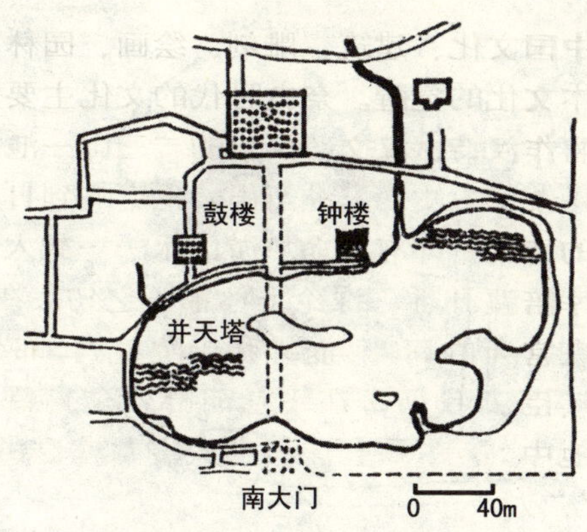

图2 毛越寺庭园（舟游式庭园之例）

无论是宫廷贵族的寝殿造庭园，还是佛家的净土庭园，常采用舟游式池泉庭园的园林形式，成为平安时代庭园的一个重要类型。现存的遗址有岩手县毛越寺庭园（图 2）和京都嵯峨院（大觉寺）大泽池庭园。

大约在 11 世纪末由橘俊纲（1028～1094）编撰的日本最古老的造园书《作庭记》（亦名《前庭秘抄》），对平安时代的造园思想和技术有详细的记载。该书分上下两卷，上卷先论庭园形态，造庭立石方法，自然缩景的表现。题材主要为海洋、瀑布、溪流自然景观，并就海、池、河、山、岛、泷（瀑布）的意匠着论 下卷主要为立石口传，立石禁忌、一树事、一泉事、一杂事等；更有本卷寝殿造，庭园意匠论。《作庭记》是用汉文体写成，卷中有“宋人云”、“经云”等。可见受中国艺术思想和园林艺术的影响。

关于“三山一池”在平安时代的影响，亦有文字记载。“公家近来，鸟羽地营造，池广南北八町，东西六町，水深八尺有余，治近九重之渊，或模于沧海作岛，或写于蓬山迭崖”。可见鸟羽殿的苑池规模巨大；比拟沧海，还有蓬山的掇迭，正是模仿神仙境的明证。

平安文化繁荣，其贵族仍如奈良时代憧憬着中国的文化，派出遣隋使、遣唐使。中国的文化，特别是盛唐时期对日本影响很大，并融入日本人民生活中。但来自中国的文化逐渐只限于那些适合于日本人生活方式和口味的东西。特别是唐朝衰败，以贸易和学习为名的遣唐使中断后，政治上、文化上受中国的影响更趋减弱，与“唐样”（即中国式）相对的“和样”（即日本式）渐居支配地位，并在汉字的基础上创造了日本自己的文字——假名。

镰仓时代庭园和梦窗国师

12 世纪末镰仓幕府建立，称镰仓时代（1192～1333）。武家社会兴起，开始了武士的军事专政，以前贵族的诗歌管弦，饮宴歌乐被废止了，整个 13 世纪几乎处于骚乱状态，很多僧人为了摆脱战争环境而到大自然中去隐居，从而成为这个离乱时期日本文化的保护者。镰仓中期佛

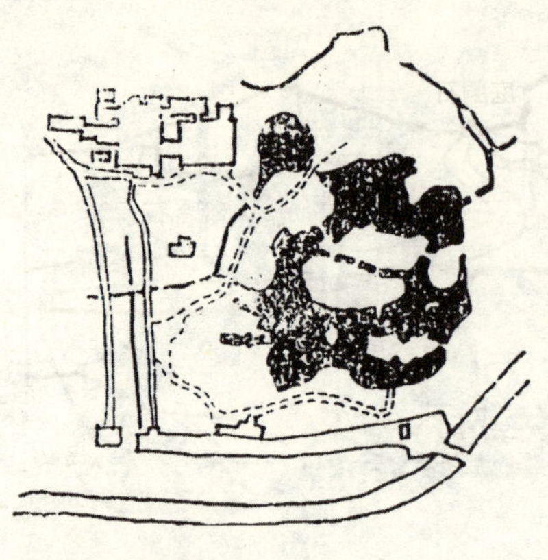

图3 西芳寺庭园平面
（回游式庭园之例）

教信仰在地主和农民间广为传播，加之由中国宋朝传入的禅宗受到幕府和“御家人”的欢迎，因此禅宗的无色世界观，对园林设计有深远的影响。

随着净土庭园面积的扩大，园林形式也发生了变化，即追求净土的理想与再现美丽的自然风景的思想结合起来了。在大面积的庙园中，一般都有较大的水面。主题仍然是仿海景，水中设岛，园中种植各种优美的树木。随着园路的变化和视点的不同而感到景色曲折多变，使园林从旧的舟游式池泉庭园发展到回游式的布局，并且此时的园林不再是以物质享受为目的，相反，是为了逃避灯红酒绿的社会，在静静的赏游中获得沉思默想的乐趣为其宗旨。

镰仓时代最著名的造园大师梦窗国师（1275～1351）是这个时代最重要的代表。他设计的西芳寺庭园和天龙寺庭园对后来的园林设计具有非常重要的影响。他创作的特点是有广大的水池、池岸曲折多变，在置石方面他发展了石组的技法和泷口的构造，又有称作残山剩水的风格。西芳寺庭园被认为是梦窗的伟大创作。

西芳寺庭园总面积约1.7公顷，大部为绿荫、青苔覆盖，共有50余种苔类，故俗称苔寺。分上、下两部，下部以池为中心，池岸为浜洲型，曲折多致，环绕池岸筑有一些殿堂和亭、桥，并将僧人居住的曲折的堂舍用回廊连接，回廊成为赏游风景的通道。在上部的山坡上布置了一组枯瀑石，这是梦窗的伟大创造，也是日本庭园中最早出现的枯山水形式。西芳寺也是在回游式庭园中同时运用枯山水的首次尝试。

天龙寺庭园是镰仓末期、室町之初的范例，是梦窗的又一著名作品。该园位于京都城郊，其南面和西面景色美丽的岚山被组织到园林构图中来，借景成为其一大特点。在该园中部是一“心”字形的湖，作为禅宗最根本的思想“心性”的象征。湖岸精美并伸出岬角，湖中布置若干垂直型的石组，构成丰富的景色（图3）。后来很多庭园以此为蓝本。

室町时代庭园和造庭书

到了室町时代（1334～1573），政治中心又回到了美丽的京都。由于财富和权力的扩大，在统治阶级内造园之风盛行，他们需要精美的园林、建筑、绘画以及其他装饰艺术。此时造庭技术发达，著名庭园师辈出，不仅在京都，而且在许多地方都出现了一些非常有艺术价值的庭园，日本的造园进入了自己的黄金时代。

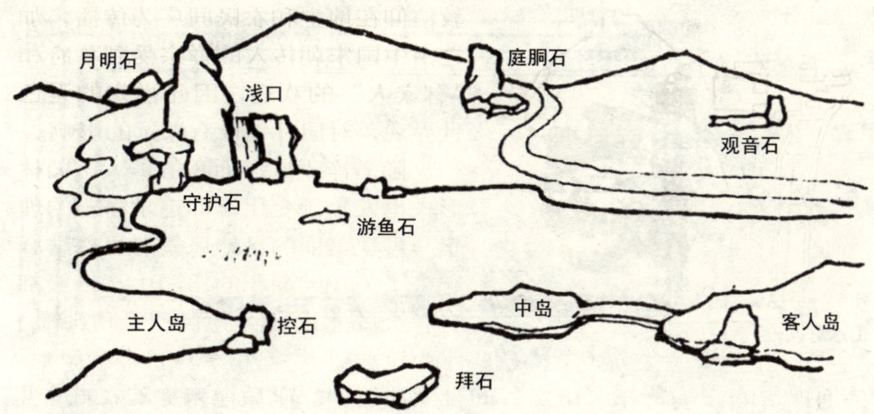

图4　日本筑山庭典式

室町初期庭园家有中任和尚受梦窗国师传授，又有相阿弥受中任和尚熏陶，也筑有名园多处，他还创作了一种新的形式称茶庭（到桃山时代大兴）。这个时期有《嵯峨流庭古法抄传》之书。书中有山水、吹上岛，与《作庭记》内容相类似的部分，而造庭技术参考部分对“地割法”有“庭坪地形取图”，画有方格线。对池、山、岛等位置及其比例明确，而成为后来山水庭的典范图（图 4）。15 世纪以后出版的造庭书都有根据这张“庭坪地形取图”所绘之图。该图所示：中为心形水池，池后正面为守护石，前左为客人岛，前右为主人岛，池中心为中岛，池前为拜石和平滨。

室町时代的回游式池泉庭园有了新的发展，即在池岸的重要部位建造了美丽的殿阁，作为统一园林的要素。寝殿造庭园是将建筑正面朝向湖，从室内静止地观赏园林主景，而此时则可以在水边的殿阁中眺望四周的风景，同时，从园林的各个角度来欣赏建筑的各个侧面。这种园林以鹿苑寺（金阁寺）庭园和慈照寺（银阁寺）为代表。金阁寺庭园建于 1397 年，整个寺院占地约 9 公顷，其中一半是园林，园中有较大的水面，是舟游式与回游式混合的典型。金阁位于湖岸旁和全园的中心。在湖的四周布置了步行的小路。从园的各个部位都可以看到金光闪耀华丽的金阁，起到组织园景和丰富园景的效果。银阁寺庭园只有一公顷，在池旁建了一座二层的银阁，园林虽小，但由于巧妙地运用了隐藏手法，而创造了似乎比真实尺度大得多的空间感，整个园林比较整齐匀称，有较强的装饰风格，为以后“楷”体庭园奠定了基础。

室町时代园林的重要发展是产生了独立的石庭，枯山水，理石的艺术达到极高水平。理石从景胜的写实发展到以精神为主的抽象境界，这种变化在室町时代达到高峰。自梦窗国师在中世纪创造了枯山水后，全国陆续出现了石庭。这是与禅僧精神活动密切相关联的。

禅宗是一种自律的宗教，通过面壁凝视，参禅悟道，而破除尘念。

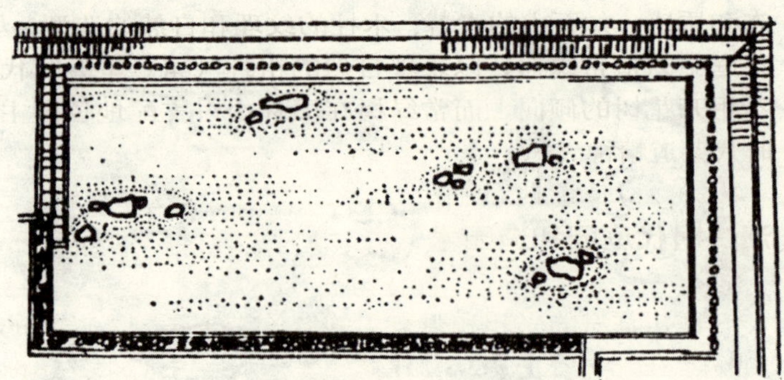

图5 龙安寺枯山水庭园

早期禅僧的修炼是在深山幽谷的自然环境中。以后禅宗寺院在城市里大量出现，而城市用地面积受限制，水源条件也不好，要再现大自然的景观，创造出与世隔绝的理想环境，就只能依靠人的敏锐感和想象力，枯山水即成为大自然宏伟景观的凝缩，成为禅僧静坐观宗的庭园，参禅悟道的天地，观察宇宙的媒介。

龙安寺石庭是著名之作，据传是梦窗国师的弟子相阿弥所作。是在禅室方丈前一块约330平方米面积的矩形庭园，地面全部覆以砂，并耙成水纹象征大海，放置了15块石，分成5组，象征五个岛。翻腾的大海和孤寂的岛，永恒的宇宙和有限的生命，无限的空间和微小的个体形成对比。将禅僧的哲理与抽象的形象紧密联系起来，产生了一种精神的境界。在布局上运用了三角形的构图，明暗的对比，光影的呼应以及鸟瞰山水画的方法来达到艺术上的效果（图5）。

桃山时代的茶庭

桃山时代（1583～1603）历史虽短，但具有日本特色的茶庭（产生于室町时代后期）却大为勃兴。造园的艺术中心乃由禅寺而转移到军人冒险家宅邸中的茶庭中了。茶庭是一种顺应自然的庭园，截取自然美学中的一个片断表现于茶庭中。

茶庭是茶道的产物。品茶开始作为一种艺术是在室町时代，但当时仅限于上层的小圈子。禅宗精神通过伟大的艺术家千利休（1522～1591）创造了茶道社会融合到人们的日常生活中来。崇尚“和、静、清、寂”的茶道，以环境古雅幽静为媒介，启发内心的情趣，排除私欲，探察本原和寻找内心的和平。按茶道规定，进出茶室必须穿过茶庭，使人在一步步穿过茶庭走向茶室时，能随之趋于清静的境界。因此茶庭中创造了非常质朴和精巧的步行小径、踏步石，庭园中的洗手钵、石灯、水井等的布置都符合茶道的程序。整个茶庭的气氛是恬静、清明的，茶道崇尚自然，热爱简朴的生活。因此在茶庭、茶室的用料的原始形态和质感，如石山的青苔、木柱的纹理和自然的造型，尽量避免装饰。茶庭中只植常绿树，以表现自然的粗野气氛。室町时代枯山水庭已有不用开花树的倾向，而常绿树在园林中占支配地位则主要起始于桃山时代茶道精神。

江户时代庭园和造园术

德川幕府的兴起和强有力的统治带来了一个长久的和平时期。自1603年在江户（现东京）建立了军事政治中心，并逐渐上升为封建地主的文化中心。江户时代（1603～1868年）在城市中出现了一些大型豪华的园林，在各地的封建城堡中也大量兴建园林，在数量上、规模上和艺术上是日本园林最繁荣的时期。

江户（现东京）位于较大的平原上，比京都有更多的平坦土地，所以园林面积和水池都扩大了。回游式池泉庭园大为流行，无论是皇室离宫或是武人家族的宅邸中，都有大面积的庭园。居住建筑与园林完全分离开来，园林中有连续的景观，每一处景观都有各自的主题，风景的中心是大的水体，周围布置一些较小的景点，如数寄屋、茶室、亭子等建筑物，用步行小路将这些风景点连接起来，使人可以从一个亭子走到另一个亭子饮茶和游赏。将过去的回游式庭园与茶庭结合起来了。

这种园林的布局通常在入口进路部分有浓密的树林，使人通过一种沉静和纯净的气氛而忘却外部世界的喧嚣，而后逐次展现各点的景色，在经过构图的中点以后才达到高潮，然后再以柔和的节拍，逐步降低调子。其另一特点常常模仿著名的风景名胜作为其构图的主题，如有的园林建造有缩小的富士山、琵琶湖，或中国的西湖、庐山等，如小石川后乐园的西湖景和庐山景，栗林园的西湖景和赤壁景，对借景的手法也大量运用，常常设立眺望风景的场所，如桂离宫之眺望爱岩山，修学院离宫之眺望北山等。

桂离宫是江户的杰出代表日本园林艺术的精华，它是精通禅学、茶道以及艺术的造园家小崛远洲（1579～1647年）的作品。桂离宫位于京都西南郊的桂川旁，占地4.4公顷，地形平坦，西面是遍植桂花的岚山，四周有茂密的竹林，中央是一个较大的湖，湖中布置三个大小不一的岛。主要宫殿位于中央偏西一点，沿着湖岸分布了四座饮茶建筑，每一茶室都有自己各具特色的茶庭，靠近宫殿的茶庭是座规整的“楷”体，距离较远的是自由的“草”体。从中央宫殿向两侧伸出散步的道路，将这些茶庭、亭轩等联系起来。园中有16座桥，23个石灯笼，8个洗手钵的造型都各不相同。树木采用大面积的群植，如整个山坡地种植云片柏、松、杉等，形成浑厚幽深的景观（图6）。

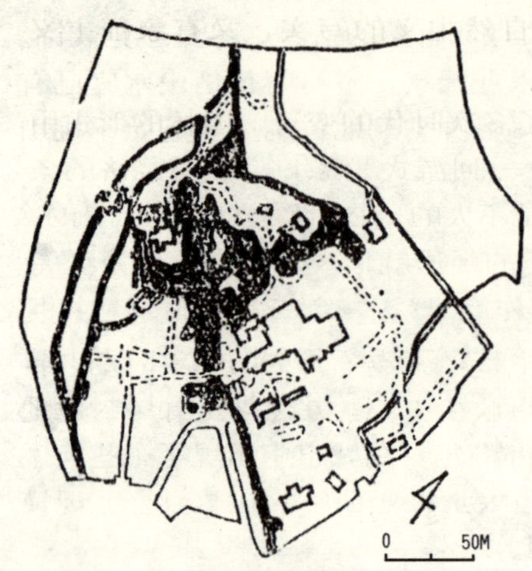

图6 桂离宫平面图

江户时代著名的回游式园林很多，如修学院离宫、栗林园、小石川后乐园、六义园、兼六园等。

造庭书在江户中期有相阿弥《筑山山水造庭传》前篇，论山水做法式，认为“凡山水之作，第一，地形……”；“第二，叠石……章木……”；“第三，真行草之格……”。该书最大特色则在论岩石和树木取材法，以树木来说不仅列举树种及掘运技术，而且移植时期实地的经验，取石方面也多是经验之谈。关于石灯笼、手洗钵、叠石等也都论及，最后是关于茶庭种种及其筑造法之叙说。到江户末期，1828年造园家篱岛轩秋编撰的《筑山庭造传》对园林的三种体裁——楷体、行体、草体作了阐述。楷体布局精致、严谨，有较强的均衡感，多用于主要建筑物前的庭园（图7）；行体省去构图的一些细节，背景不很规整，常用于居室或餐室前的庭园；草体的构图要素最少，也最自由，常用于游息部分。该书成为非常普及的类似法式的造园书。它一方面满足了当时大量营造园林的需要，但另一方面又使艺术的创造力受到很大束缚。

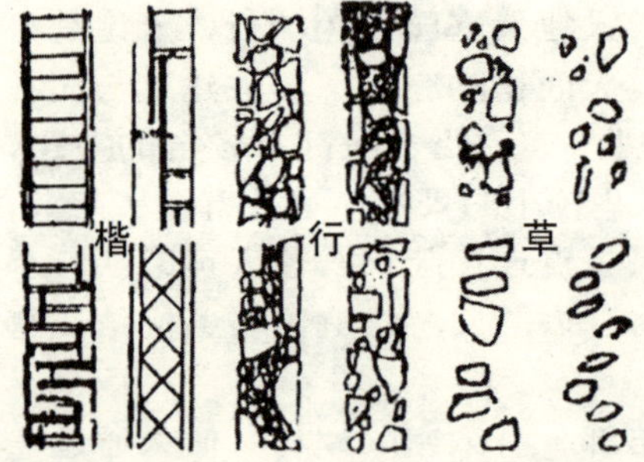

图7 道路铺面

日本庭园风格的概述

日本庭园的意匠总的是再现自然。日本是一岛国，山多而不险，海近且辽阔；雨量丰富，溪短湍急，川浅迂回；气候温和而季节明显，森林茂密，植被丰富，又多佳石。这些自然条件构成了日本多彩的景色，也给日本园林创作提供了无穷的源泉。日本民族对自然的热爱、源本的追求，变异的敏感构成了他们的特点，尤其是喜爱海洋、岛屿瀑布和迭山，置石的溪流和湖池以及沙洲的再现。

日本庭园在其古代一开始就受到中国文化，尤其是唐宋山水园的影响，传入后经其吸收融化而发展成为日本民族所特有的园林风格。在一块不大的庭地上表现一幅自然的风景图。不仅是自然的再现，而且注以感情和哲学的含义，既有自然主义的写实，又有象征主义的写意。

从 8～14 世纪日本社会虽经历了多次时代的变迁，园林的形式由苑园——舟游式——回游式——茶庭——回游式＋茶庭，随着经济的条件和社会的发展虽有些变化，但差别是不大的，在艺术构思上是一贯的，形式上是一脉相承的。故而几个世纪的经历就形成了一套比较系统完整的园林体系。可以回溯到最早的《作庭记》，一个大的水池，一个小瀑布，或一泓溪水，几组置石和别致的树木栽植，构成一个山水庭园。15 世纪以后的造园论著都根据《嵯峨流庭石古法秘传书》中的“庭坪地形取图”的图式作为筑山庭的基本原则（图 8）。

根据庭地的类别主要分为筑山庭和平庭两种形式，后来又各有特式的发展。筑山庭要有山有水，表现山、海、河的景观，因此一般要求有较大的面积。平庭主要是再现某种原野的风致。这两种形式不是决然分开的，有的贵族宅园的正屋南面往往是筑山庭而在别院有平庭，

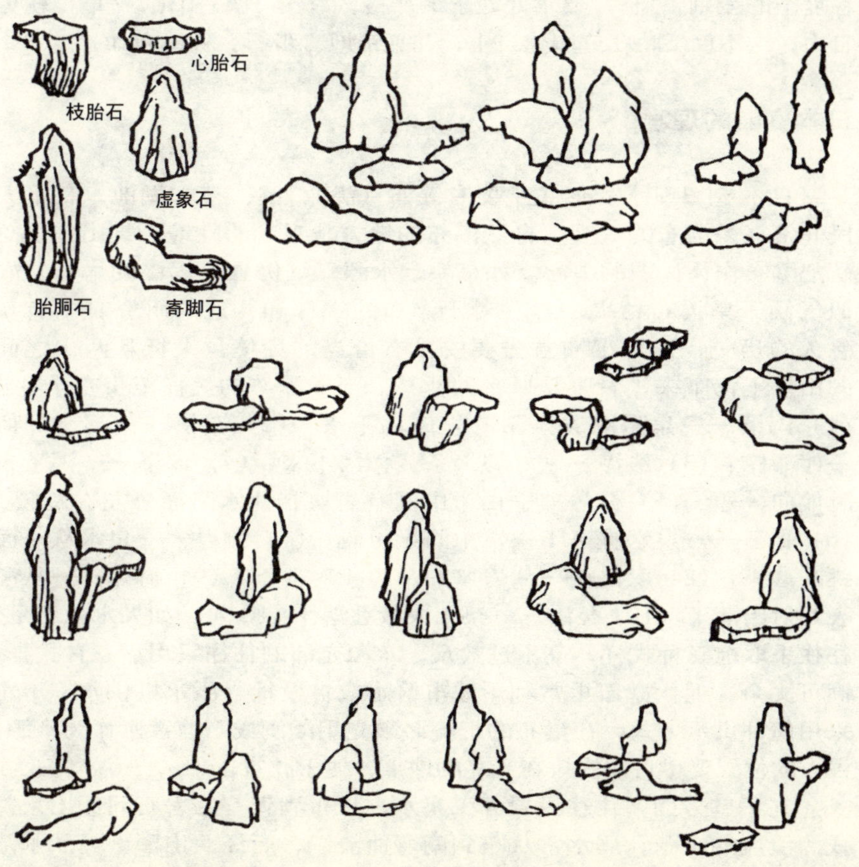

图8　日本叠石组合之例

有的庭园面积有限，只能择其一种而置之。

筑山庭大抵有水，采取池、溪或瀑布的形式，但除此以外还有另一种抽象的形式，称作“枯山庭”。其布置——如筑山庭，有泻瀑的石，有弯曲的溪和池等，但并没有水，而是用卵石、砂，甚至青苔布在河床、谷床里拟想为水甚至有起伏的波涛。平庭也有类似的手法，用一片平沙来模拟为水。由于艺术手段的高超，使人看到时不能不想象是水。

15 世纪茶庭的出现，又形成了一种独特的类型。茶庭，只是一小块庭地，单设或与庭园其他部分隔开，四周用竹篱围起来，有庭园和小径通到最主要的建筑，即茶汤仪式的茶屋。茶庭面积虽小但要表现自然片断、寸地而有深山野谷幽境的气氛，能引人沉思默想，好似远离尘世一般。要体现“青苔日益地厚，但无一粒尘土”的净洁和“淡淡明月，一小片海从树丛中透过……”的孤寂意境。庭中主要是常绿树，忌用花木，以便使客人到茶室里去欣赏瓶花和艺花。

与日本的书法、绘画、艺花一样，不论是筑山庭或平庭，或茶庭均有真、行、草三种格式。日本庭园的真、行、草的区别主要是精致程度上的差别，“真”要求处理上最严格，“行”比较简化，“草”就更自由，这不仅反映在庭园建筑上，并且铺地、步石、种植亦如此。

日本庭园的理水

日本庭园理水的形式主要有瀑布（泷）、溪、泉和湖池。日本人民非常喜爱瀑布的景观，自然瀑布的地方是观光的胜地。筑山庭里总是把瀑布作为构图的中心。如果缺乏水源，则仍置有泻瀑的岩床，好似气候干旱瀑布枯竭一样。对于瀑布的式样和构造的研究日本有着悠久的历史，设计瀑布首先要安排有恰当的环境，大抵从两山之间的山崖上泻下来，背景是厚密的丛林。至于瀑布的式样至少有十种：(1) 泻瀑——泉水顺着倾斜的岩床泻下来；(2) 布瀑——泻下好似一匹布帘；(3) 线瀑——好似一条线样泻下来；(4) 偏瀑——泻下来时偏向一边；(5) 分瀑——由于中间有岩块挡住水路而分左右两股；(6) 直瀑——泉水直落下来，中间无阻碍；(7) 侧瀑——泉水从一面跳跃落下；(8) 双瀑——从岩壁的两边相对落下；(9) 射瀑——从源泉处射出落下；(10) 叠瀑——泉水成数叠落下（图 9）。如果水源不足，往往采取前三种式样，高不过数尺，水源充沛的往往采用后三种式样，高可丈余。近代庭园里常利用城市给水或自设抽水压水机供水。不论采用何种供水方式，在瀑布的上流必须先用溪涧或石池蓄水作为水源。瀑布的位置要尽可能安排在光亮的地点，便于欣赏。

在平庭方面，往往设置人工泉水，从布满青苔的岩石间涌出来并成为溪流的水源。溪水常从东到南弯曲流淌，而经西出园（当然水流

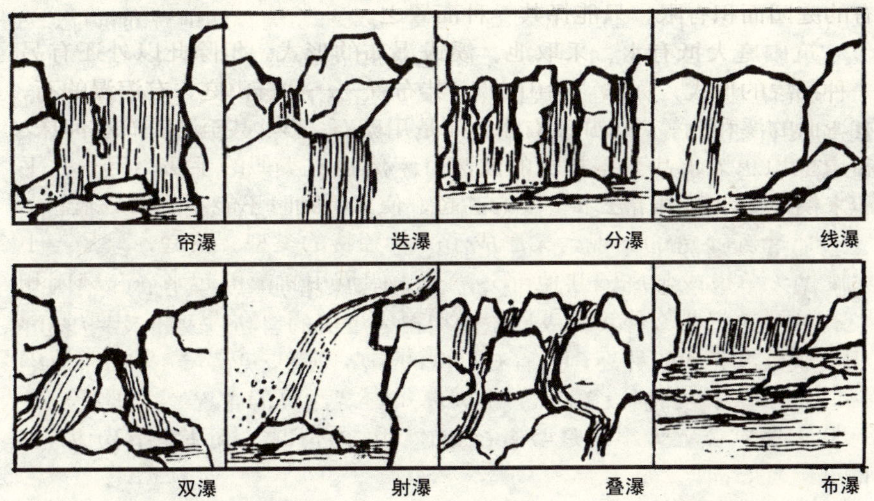

图9　瀑布式样

的方向要根据园地而定)。水流既要弯曲又要流畅。河床的纵坡在起源处较大而到尽头则较缓。有时为了要表现大河的设想，则在拐弯处敷石护岸，任水冲击更显自然(图 10)。

为了造成水的音响，使瀑布溅落在石上或水中，在溪旁制成峡谷和抛石于水中以达到水声效果。在水溅地方常设步石以便游人跨越而过。

湖池在庭园中占重要地位，池形不宜整齐，池岸宜有弯进凹入，如同汉字的“心”、“水”或“一”等字形。理水形式或表现海，或江河，或沼泽地，水的岸坡有用石、桩木、卵石的，或任草地接触水际，以及用石级踏步下引到水。

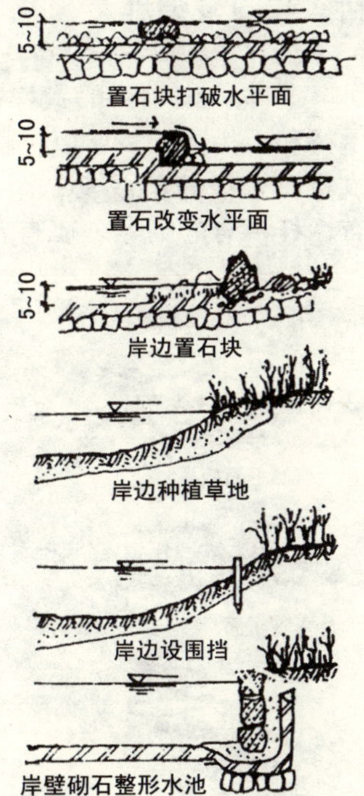

图10　人工泉水的设置

日本庭园的山、石、岛

筑山庭的山主要是利用挖池的土堆成，但往往还需另加土方，土山的高度要与池的大小形体相协调。堆山的数量很有讲究，一般认为一个山头难现自然风致，数量太多又显做作，在筑山庭里，似以 3～4 个为宜，其大小，形貌各不相犯。其中之一应成为瀑布的背景，然后有远有近，有主有宾，融为一体。

石在日本庭园中，不仅是最重要的造园材料，也是非常有组织的因素，认为置石是建园之骨。石主要是用来摹写大自然地貌的特征，如山岳、瀑布、海岸、河川等。石的选择和布置都要依环境来定。如海岸的石宜置池边，山石宜置山上。又如在溪流转弯处，瀑布冲刷的峭壁等置石都遵循石的自然规律。但另一方面又有许多不同石形的组合布置，并各有专门名称，如在一个规模较大的庭园里，主要块石达 138 块，还有许多次要的块石。在一个小庭园里，则常有守护石、礼拜石、二神石等，则都注入了人的抽象意识。

在较大的庭园池中常设有岛，这样可以增加庭园景色的变化和深度。该岛可以为多种式样或性质或用粗岩堆成的岩岛，或如水中升起的山岛或植满乔木的林岛，或岩石半露的潮岛，或只见沙滩不见草木的沙岛。古代庭园里习惯设置中岛、主人岛、客人岛。岛的布置要视池水大小、形状来决定位置大小或是否有桥相连。许多情况下仅是池中构成岛形的一组堆石而已。

桥、步石及铺地

日本庭园中桥的式样很多，使园景增色不少。就用料来说有石桥、木桥和土桥。石桥常以一块原形岩石（称寄岩桥）或拱块岩石，有直跨或折跨，或简单或复杂。木桥有拱式、吊桥式，也有亭廊式等，有的有栏杆，有的则无。还有表面铺土的，长上青苔，更增野趣（图 11）。

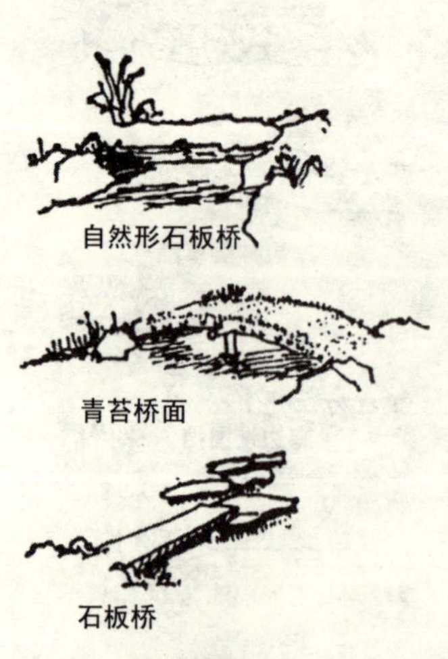

图11　桥的式样

茶庭的突出成就之一是创用步石，将实用和美观相结合，步石选用比较平整或石面稍凹的石块，步石的布置有专门的程式，非常讲究。步石安置成为一个自然的小径，引领到一定的地点，或休息所或茶室，或至井旁。

园路铺地各式各样，以用石为多。铺石有楷、行、草之分，有整形及不整形，特别是用粗砂或石砾，使人踏之有沙沙声，引起步于海滩的联想。

植物材料

多数日本庭园里的植物配置以常绿树为多而少花木。近代日本庭园，对植物配置追求简单、含蓄和朴实。要终年好景常在，高大的常绿乔木常常与经过修剪的，体形较小的灌木形成对比，一般不让阔叶树的高度超过针叶树，让阳光透过针叶树照射在阔叶树上面，造成有趣的光影效果，也常常用同一种植物成丛、成林地栽植，形成有力的群体美。松树最受欢迎，几乎每个庭园不可缺，姿态优美的松常安置在主要地位或构图的中心。

非常重视各种树木的自然形态和环境的配合。如在常绿树群中种一棵枫树；在常绿树丛前加一株形态美的落叶乔木，构成形式、色调上的变化；在泷口应有乔木和灌木丛的配置，遮掩部分瀑布增进深度感，并时常用树的枝条伸出瀑布前，好似承受跌下的水一般，从而打破瀑布的单调，但不可把瀑布全遮住；在石灯笼旁应有树木的种植，用枝叶半遮光射，在池后要有树木以便有倒映；在桥侧、庭门处都要有树荫相遮。

树木常采取不对称的布置，如三对一、一对二、五对一等不等边三角形，各株间距要使人们从任何角度都能看到全丛的各株树木，形成一种均衡感、层次感。

可以把园林比作舞台，自然界中的每一件东西都是园林的组成部分。当春天的阳光开始照射时，要使人强烈地感到春天的欢乐气氛，花草的布置要表现出盛开的美，要一株挨着一株，使蝴蝶、小鸟自由飞翔其间。新嫩的绿色、雨滴的声音、明亮的夏日、潺潺的流水、鱼儿的击水声、月亮、风声、遥远的山峦、河流、大海、红叶、雪人、时光的流逝，所有这一切都恰如其分地发挥它们的角色作用，恬静地存在于这个舞台之中。当所有这些因素结合在一起时，园林便闪耀出美，当人与自然融合为一体时，便产生了非常的“美”。这段描述可说是日本园林设计传统思想的概括，是人与自然的高度结合。

本文发表于《城市规划汇刊》1985年第4期。

日本的自然公园

发展概述

日本是一个风景优美的国家，有许多景色美丽的山岳和海岸。在1931年，内务省成立了国立公园协会，制定了《国立公园法》，1934年建立了第一批国立公园（三个），到1936年增加到十二个。由于军国主义和战争的影响，在1945年以前，国立公园有名无实。二次大战后由日本厚生省公众保健局国立公园部负责管理。1945～1950年期间，主要是研究有关制度和确定一些国立公园。1949年修改了《国立公园法》。同时，为加强国立公园核心地区的管理和保护而设置了特别保护区。这两点修正，大大促进了国立公园的发展。自1951年开始，对国立公园有了定期定额补助金制度，用此资金建立路标和导游牌等，并投资新建服务基地的一些道路、停车场、基础设施，还配备了国立公园常驻管理员。1957年制定了《自然公园法》。这是第一次明确了自然公园的概念、分类、指定程序、公园规划的审批及管理体制的规定。1960年成立了第一个国立公园管理所——日光事务所。根据《自然公园法》，国家成立了“国立公园审议会”，对国立公园、国定公园进行了审议。1961年根据形势的发展，新增和扩大了一些国立公园，并实现了设立国民休假村的设想，丰富了国民生活，使公园服务设施更趋完善，适应了旅游事业的发展。自1955年以后，对电力、矿产开发与国立公园保护产生了尖锐矛盾，以国立公园审议会为中心进行了深入的研究。随着居住用地、工业用地、森林采伐、旅游开发、城市过分密集、公害的产生等冲击着整个自然地域的生态环境，形成了人为开发和自然保护之间的矛盾尖锐化。该中心还配合日本国土开发利用的规划问题对自然公园制度和各种政策措施进行了研究。1970年又在环境厅下设自然保护局，专门从事自然环境的保护工作。使日本自然公园体系有了更明确的方向。

自然公园体系

日本有两种公园体系。一种是属于城市用地范围的城市公园体系——城市公园、运动公园、小区公园、近邻公园、儿童公园；另一种则是自然公园体系——国立公园、国定公园、都道府县立自然公园。如东京的日比谷公园位于东京的中心区，面积16公顷，土地全部归东京都所有，并作为城市公园专用地进行管理。而日光国立公园，包括了那须、盐原、高原山和日光群山等直至尾懒的范围，其面积达14万公顷,跨越了四个县。管理者并不具有国土所有权,仅对土地所有者（私人或单位）加以限制，以保证自然环境不遭破坏。

国立公园不是娱乐场所，而是国家最美丽的自然风景区。对其进行保护能促进人和自然的融合，丰富人们的生活，增长科学知识。因此，在精神上或物质上，对日本广大国民都具有深远的意义，是宝贵的财富。

1. 国立公园：是代表日本最优秀的大型风景地。不仅有美丽的自然景色，而且有很高的科学价值，具有其他地区所代替不了的特色。由国家指定，加以保护管理，供广大国民享用，也向世界旅游者开放。

2. 国定公园：是仅次于国立公园的优秀风景地，是区域国民所享用的，可供人们野外休养游憩。由国家指定，而由都、道、府、县负责管理。

3. 都道府县立自然公园：是都道府县民所享用的自然风景地。可供县民们野外休养游览。由相应的都道府县指定和管理。

日本现有国立公园27个，占地203万公顷，国定公园51个，面积114万公顷，都道府县立自然公园291处，面积203万公顷，共同组成了日本的自然公园体系。而其面积分别占日本国土的5.35%、3.03%和5.39%，均属自然公园面积，占日本国土的13.77%。

根据统计，日本国民使用国立公园的人次平均在3.2亿以上，使用各类自然公园的人次平均在5亿以上。分别是日本人口的1.5及2.4倍。可见自然公园在日本国民生活中的作用。

自然公园的管理

日本的国立公园原则上是由环境厅长官主持管理。在环境厅长官管辖下有一个由45个委员组成的审议委员会，其人选代表了日本各界人士对国立公园及国定公园的确定，以及其计划、规划或设计等进行审议。

日本的自然公园内根据其自然景观、科学价值、地形条件等因素划分为特别地区和普通地区。特别地区即保护区，其中又分为特殊保护区及I、II、III级保护。依其保护级别分别制定各种行为的限制。在国立公园的保护区内没有环境厅长官的批准不得进行砍伐、建造和树广告等。在特殊保护区内，不准捕捉动物、采集植物等。根据27个国立公园的统计，特别区域（即保护区）范围占国立公园面积的69.1%，其中作为特殊保护的则占了11.7%。

国立公园和国定公园的行政事务由环境厅自然保护局管理，下设有计划合作、公园规划、保护管理、设施规划、鸟兽保护等五个处，分管有关方面的事宜，并根据公园的重要性、性质、规模，决定在有关国立公园内设置管理事务所，或派管理小组，或管理员，对该园的一些问题进行日常事务性的联系。

本文发表于《中国园林》1985年第6期。

“林”是风景名胜区建设的基础

——从庐山风景区的发展看“林”的重要

自然风景是风景区的基础，就以庐山为例，两千多年来人文几经兴衰，性质有所变更，但由于自然优势常在，而青春不衰。自然风景主要由山水林组成，山水基本是天然造化，而林则可毁之，又可建之，林茂则青春焕发，林毁则失去光彩，影响风景区的兴衰。

庐山之景色与林密切相关。有了林引来了云雾雨露，导出了溪流泉瀑，招来了鸟鸣兽迹，使风景区充满了活力，生命不息。而在现在的开发建设中，大搞旅游道路，而林却遭破坏无忌，自然生态在衰退，使人忧虑，要为林大声呼吁。

庐山是我国著名的风景名胜游览地。早在两千年前，就有了游庐山的文字记载。它曾是文人雅士隐居的胜地；晋朝以后，庐山的佛教、道教盛行，寺院达500余处，成为有影响的宗教名山；唐宋至明清，庐山又以文化、教育之卓著闻名于神州。因此，一千多年来累积的文物古迹遍于全山。1884年开始，外国殖民者纷纷来此划租界、建别墅、避暑休养，逐渐成为避暑胜地。辛亥革命以后，庐山又曾是许多重大历史事件的发生地。新中国成立后，庐山已成了休疗养的胜地，每年接待成千上万的休疗养者。1978年以来，庐山又转入以接待观光游览为主，成为旅游胜地了。因此，它既是风景名胜之区，又是人文荟萃之地。

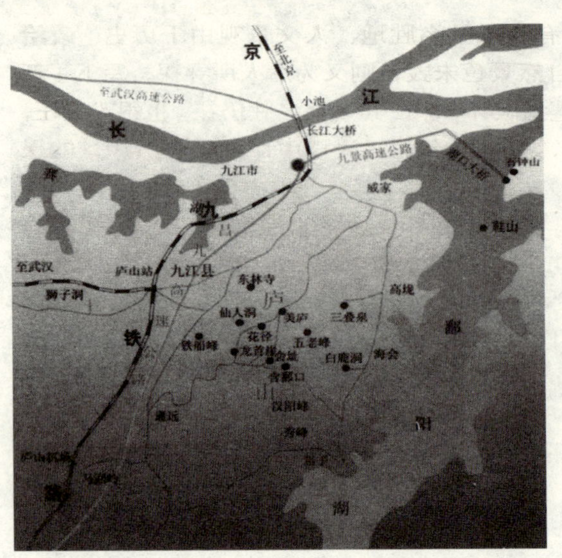

庐山位置及主要风景点分布图

庐山在明朝时曾被封为“庐岳”，与五岳并列。永乐皇帝颁发过“禁山令”，加之以后外国人的经营，国民党达官显贵的避暑和新中国成立后的保护，而使山上林木未遭到严重破坏，山顶牯岭区周围森林覆盖率达 69.2%，在全国诸风景区是比较突出的。但是在山腰以下不少地方，则由于管理体制及其他原因，大多林木被砍伐，有的甚至失去了植物覆盖，出现了水土流失的现象，是令人痛心的事。

既有优美的自然风景，又有众多的人文景观，是我国风景名胜区的特点。一个风景名胜区如果只有自然风光而无人文历史则浮之于表，其味欠深厚；但如果只有历史名胜、文物古迹，而缺乏自然景色，则难以吸引广大群众长期留驻观赏。“有风景而没有古迹则缺文化，有文物古迹而无景色则欠美感。”我国许多闻名的风景名胜区，都是景色与古迹相互交融，相得益彰，它既反映了我国江山之多娇，也反映了我国悠久的历史文化，在世界上是引以为豪的。

但就风景名胜区来说，自然景观是根本的。古代文人学者之所以在名山大川留下痕迹，正是为美丽的山川景色所吸引并激发其诗情豪语，因景成文。如果没有秀丽的西湖，当然不会有“水光潋滟晴方好，山色空雨亦奇。欲把西湖比西子，淡妆浓抹总相宜”的诗句；如果没有庐山多变之景，也不会有“横看成岭侧成峰，远近高低各不同，不识庐山真面目，只缘身在此山中”的意境；如果未见过黄山的奇峰怪石、云雾变幻，就难以理解我国某些山水画的来源；而淙淙溪流，松声鸟语则又是音乐的素材……因此，自然景象正是写景诗文的源泉、山水画的源本、田园音乐的基础、某些艺术哲理的始点。人处于绚丽多彩、丰富多变的自然环境中，会得到启发、受到激励、获得灵感、孕育活力、增添生机。

正由于庐山有峰石瀑泉之景，才诱致文人雅士来此游山玩水，留下踪痕；正由于幽谷丛林，佛家道门才会来此悟道求仙，建庙修寺；也正由于有凉爽的夏令，达官贵显才来避暑修养，营造别墅；也正是林泉云峰的自然景色，人们才来游览观光。从庐山两千多年来的经历来看，人文曾有废兴，性质亦有变更，但由于自然之优势常在，故其青春不衰。

自然之景乃其根本。我国有些风景名胜地、人文景观由于历史、政治原因几度变迁，而只要其自然景色未毁，则又为后人所寻探，写下了新的篇章，但如果自然环境遭到破坏，即使其人文名胜仍在，也很难兴旺，这类例子并不寡鲜。因此，在风景名胜区建设中应该把自然风景的保护和建设放在首位。

自然风景主要是由山、水、林所组成。它们之间往往是相互交融，合为一体的。而林在其中的作用则是重要的。“山得树而妍，水因林而丰”，“山无林不茂不幽，水无林不富不活”。这样说并不是贬低山水自然的重要，而是突出林的作用。峰、峦、山、石均非人工所作，是自然形成的；河、溪、泉、瀑虽有人工之景，但主要仍是自然造化。而“树”既可伐之，又可植之；“林”既可毁之，又可建之，它既可是自然生长的，又可是人工植造的。因此在人为的建设中，对于林的处理颇为重要，它可会风景区引向青春焕发，不断兴旺，也可使风景区失去光彩，走向衰退，确有“事在人为”左右局面的影响。现在世界上的瑞士、德国、日本等国家中，有很多风景区就是通过人工造林而形成美丽的景色闻名于世。

庐山风景奇秀，常概括为峰、泉、云、石。但如果没有林，则即使有五老峰或其他怪石之特色，荒山秃岭也只是一望而已。现在有的名山，山上无林木，炎夏烈日当空，灼热的石头，不仅使人游兴大减，甚至会望之生畏，又何以引人观赏呢？庐山闻名的秀峰景区，现在除小块地段树木尚保存外，四面环围的地方几乎变成秃山，“群峰竞秀”落了个空名。庐山古有“匡庐瀑布誉满天下”之称，而现在泉水普遍不及过去旺盛，瀑布不及过去引人，山溪流水有的也经常不丰，这种水的衰退，其原因可能是多方面的，有待分析，但其中很重要的一个原因当是林的减少，林下覆被的破坏，以致失去其海绵性的涵养蓄水能力，而形成降雨时径流大，水流快，这样有些泉、瀑、溪仅在暴雨时集中显现，常年水景却大为减色，这种情况，其他一些风景区可能比庐山更严重。

据资料，目前庐山的气温比20世纪50年代升高了3.9℃，过去夏季山上要穿毛衣，而现在不需要了，变化的原因是多方面的，如人口增加，建筑增多，道路扩展，而树木植被减少则是一个重要原因。如果单以温度梯度来看，随着高程增加，一千米的温差一般为6～6.5℃，而现在庐山上（一般高程在一千米上下）与山下夏季温差可达10℃以上，其温度的相差值当主要是由于植物吸热调节气温的效果。庐山能成为一个“清凉世界”，是与林木绿化分不开的，从这个效用上讲，森林如同一个“冷风机”，供给新鲜、凉爽、清洁的空气。这个“能源”是用之不竭，源源不断的。俗语说：“留得青山在，不愁没柴烧”，对风景区来说，可谓“留得青山在，清凉将永存”。

据说庐山现在的云雾景色不及过去丰富多变了，“云雾入室”的情况现在也少遇了。这可能也与林的受破坏有关。庐山北临长江，东、南是我国最大的淡水湖鄱阳湖，水面蒸发的水汽顺风而飘，遇到庐山的阻挡，气流上升，受气温的影响，就会成云、雾、雨、雪。正由于庐山得此特殊的地理条件，而致云雾多变，气象万千，雨量充沛，林木茂盛，增添了不少景色。而现在山腰不少树木遭砍伐，植被破坏，仅在山上留着一顶帽盖，使形成云、雾、雨的因素受到影响。

有了林木植被，则生物繁衍，鸟兽聚集，就会构成一种自然生态，而林是形成自然生态中的主导因素。如今庐山很少听到鸟鸣，更不见兽迹，这当然与人的开发、捕捉和林的破坏密切相关。

林在风景中的景观是丰富多彩的。随着山的高程，山的阴阳背向，而会形成自然的植物分布和群落，既有林相的变化，又有季相的更替。有的苍松盘根与岩隙中，有的攀藤悬挂于陡壁上，有的层林如彩笔涂抹，有的密林深不可测，有的满坡野花美不胜收，有的幽谷芳香令人陶醉。树给山岭增加了层次，给石头丰富了姿态，给溪水加添了幽深，……它既是自然美的组成，又可是人工美的反映。

林的功能是多方面的，它对风景建设的效用更是极为广泛的，在此不一一赘述。即从以上所列举的若干情况来看，要建设好风景区，首先就要保护好自然生态，使自然美景常在，其关键就在于“林”。有了林，就可导出溪流泉瀑，就可引来云雾雨露，就会招来鸟鸣兽踪。有了林，风景区就有了活力，就会永葆青春，生命不息。

林是需要保护的，并且是可以人为建设的。“前人种树，后人乘凉”；“老子砍树，子孙遭殃”，历史的教训累累。近几年来，大家已开始关心风景区的开发，认识到风景是一种“资源”，特别对旅游感兴趣，这是好事。但是，在发展过程中出现了不少问题，其中之一就是缺乏对“‘林’是风景区建设的根本”的认识。据闻现在有的风景区花几百万建造宾馆有人投资，花千万元建索道也在所不惜，而造林绿化要几万元却无法落实，如果这样下去，随着建设的发展和开发，人工的建造量不断增加，必然导致自然生态环境的破坏，自然资源就可能在开发中被“开发”殆尽。“皮之不存，毛将焉附”，如果风景区的自然景色被破坏了，那么人工设施再好，又有何价值呢？

本文为1982年8月在《庐山风景名胜区规划座谈会》上发言的部分内容整理而成，发表于《城市规划》1983年第2期。

艺术观·功能观·环境观
——近代建筑、城市规划、园林的发展和争论

一、历史的回顾

“建筑”的含义，古今中外的建筑大师有多种理论和阐述：建筑是艺术；建筑是凝固的音乐，房屋是居住的机器；建筑是技术与艺术的结合；建筑是人为的空间……，“城市”一词也众说纷纭：城市规划是交响乐；城市是一个容器；城市规划是国民经济的延续和具体化，城市是政治、经济、文化的中心……至于园林，有的说：园林是立体的绘画，园林是自然的再现……说法不同，是由于看法不同，多少年来争论不息。由于建筑、城市、园林都具有物质的和精神的，科学技术和文化艺术的，地理的和历史的多方面的内容，是多种矛盾的组合，并且其矛盾的诸方面又处于不断的发展过程中，而人们对客观事物的认识则又有差别，因此，有的突出了其中的这一面形成了一种理论，有的则强调了那一面，又产生了另一学派。从而构成了各种理论和学派。但概括起来看，一定的历史时期，由于一定的经济基础、物质条件和人们的思想意识，而形成一个反映当时带有倾向性的主要看法，故而具有一定历史发展的阶段性。例如，欧洲15世纪代表封建教会的哥特式，16世纪代表新兴资产阶级共和国的文艺复兴式，18世纪初代表绝对君权的古典复兴式等。

自古，无论是中国帝王的园囿或外国皇家的宫苑，都有建筑和园

林的统一，人工和自然结合的问题，室内外空间组合的问题，就有作为一体的规划设计问题。但随着历史的发展，科学的分工，而逐步分成建筑、城市规划、园林三门学科，各有其研究的特定对象和它本身的内在规律。但它们又都是构成环境的物质要素，有相类似的属性，相互联系、相互渗透、相互补充。所以从学术上来看是具有同一性，脉络相通的。特别是近几年来随着环境学科的发展，把建筑、城市规划和园林都纳入到环境体系的概念上来分析来看待，有些国家还成立了相应的环境学院来研究有关的问题，在建筑界又把“人、建筑、环境”，“人、建筑、自然”作为一个命题综合地进行探讨和研究。因此，从纵向的历史来看，有类似的发展过程，从三个学科的横向联系来看，又有相似的属性。因此可以把它们作为一体，从其共性方面来进行探讨。在理论探讨中常冠以“xx 主义”,称为“xx 思潮”,封之为“xx 派”,我想以“观”来称之,即人们主观上对于“建筑”、“城市规划”、“园林”等这些事物的主要看法，主要观点，即把它们中的什么属性看作为主要矛盾方面。

在此不去引证考据渊源流长的建筑史、城建史、园林史，而是仅就大家所共知的近现代一百年来建筑、城市规划和园林发展的过程作一简略的回顾。

19 世纪后期修建了巴黎歌剧院、美国国会大厦以及巴黎改建规划等可以视为资本主义早期代表性的建筑和城市规划，对当时及以后一段时期有巨大的影响，这些建筑中强调中轴线对称，有主楼和配楼，强调三段式。城市布局是规则式的路网，笔直的林荫道，几何形的广场，图案式的花坛，修剪整形过的树丛等。在形式上主要仿效希腊、罗马，而被称为古典复兴主义。当时把城市、建筑、园林中的艺术性强调得特别高，把它们作为艺术范畴来看待，艺术造型被视为设计的焦点，许多艺术家参与了这方面的工作，一些建筑和园林也成为他们艺术观的体现和具体化。这个艺术观一方面体现了新兴资产阶级开朗、雄伟的气魄，另一方面也是人们当时理性观念的反映，喜欢用方、圆及规则几何形的逻辑思维来创造人为的环境。因此，它是当时社会政治和人们意识的反映。

建筑师是按照某些艺术程式来进行建筑设计的，这种以艺术为主，从构图出发的观点，试称之为“艺术观”。

19 世纪末开始，随着工业的发展，在建筑界出现了新的材料、新的技术、新的空间要求和新的美学观念，原来那些按古典艺术法则所制定的建筑平面、空间处理已不能适应人们生活和生产发展的需要了，一些立面构图的金科玉律也不能与新的建筑材料相统一，人们开始怀疑并逐渐探索新的方向。第一次世界大战后，大量的房屋需要建造，对建筑提出了新的功能要求，城市迅速发展，汽车的大量出现以及城市出现了一系列的新问题。在这样的历史条件下，20 世纪 30 年代逐步形成了新的建筑学派——现代建筑派。格罗皮乌斯和勒·柯比西耶等，认为应该按照使用要求来创造空间；充分利用材料的性能来建造；建筑形式是内容的反映；并提出了“房屋是居住的机器”的观点，反映出他们是把功能作为建筑的第一要素来看待的。1934 年的雅典宪章，提出了“城市的基本功能是居住、生产、交通、休息”。应该根据这样的功能要求来布置城市分区。那种规则式的路网不能满足功能分区的布局，多条道路交会的凯旋门式的广场已无法适应现代汽车交通的要求；提出了隔离绿带和游息绿地的需要，在城市里开始设置了一些方块式的公园绿地。因此，无论是建筑还是城市规划，都摒弃了 19 世纪末以学院派所代表的“艺术观”，而把功能作为设计第一要素来考虑，并由此产生了一系列新的理论，暂且称之为“功能观”。这也是当时工业技术发展和知识水平提高的产物。

第二次世界大战以后，特别是 20 世纪 60 年代以来，随着科学技术的发展，人们的经济物质水平有了一定的提高，同时，生活的环境质量却在下降，空气、水、土壤遭到污染，城市的不断扩大严重地破坏了生态环境，密集的高层建筑使人感到窒息，人们不再满足于单纯的物质要求，喧耀技术的人工环境，而开始追求改善人们所赖以生活的环境，特别是自然环境的条件，这样就又产生了一系列的理论和学派。如建筑设计要考虑与周围环境相协调，与相邻的建筑相对话，把绿化引进建筑，室内外融为一体，以创造出适合人们生活的空间环境。城市规划则强调了城市与自然的共存，从生态学、社会学、心理学等方面提出了有机组合、组团结构、地区共同体等理论。园林不仅作为人们的休息场所，而是人们获得自然信息、孕育生机的地方，提出了城市生态平衡的理论。可以看出虽然各自有些新的理论和方向，但却有共同的倾向，着重研究人工与自然环境的相互作用和影响，并且相互渗透，相互补充，为人们创造一个美好的生活和工作的环境。1977 年马丘比丘宪章提出的“建筑——城市——园林绿化的再统一”也就是统一于“环境”这一概念。因此，无论从单个角度来研究，还是将它们综合起来探讨，都可以用“环境观”这一概念来称之。

二、三十年来我国建筑界的争论

新中国成立后，建造了大量的建筑物，也进行了城市的新建和改建，取得了很大成绩。但是从建筑的学术思想上来看，并不令人满意，因此有必要议论一下，以便更有利于建筑事业沿着正确的方向发展。

解放初期，我国原有技术力量薄弱，受前苏联的建筑设计思想影响较大，建筑平面大多是中轴对称的“一”、“山”、“工”、“Π”等形状，立面上是主楼配楼，三段式，无论是大型的办公楼，还是小型的托儿所，不因功能不同而形式上有甚大的差别，而往往是尺度上大小不同而已，各类建筑按照一定的平、立面的程式加以套用。在城市规划中除了主要的功能分区以外，则采用类似的放射环形的干道系统和方格形路网，几何形广场，周边式街坊，图案式绿地，强调沿街立面和对景，不管城市大小，不管地形条件而以此模式为是。建筑形式的思想性被夸大到极端的地步，将“艺术性”放到第一位，造成不少建筑空间使用上既不合理又不经济。城市里填没天然河道，有的大拆旧有建筑，却带来交通的混杂，住宅西晒，图案式绿地留于纸上……在建筑和城市规划上形成了古典形式主义的再现。

那一套前苏联艺术观并不是什么新鲜理论，它仅不过是19世纪末学院派建筑思想的延续和翻版，被冠以“社会主义”的帽子而已。回顾前苏联建筑的发展，在20世纪20年代也曾受到当时世界上建筑革命的影响而有变革的反映，但为表现“社会主义”的雄伟气魄。在“统一思想”的条件下，前苏联建筑的“现代派”在萌芽阶段就遭到批判，扼杀，未能成长起来。这样，在“社会主义”桂冠之下，却把陈腐的古典艺术观的建筑思想作为“正统”在传播，一直延续到20世纪50年代。在这样的形势之下，一些前苏联专家也自然将其“正统”传授到年轻的新中国来了。

在我国建筑界也有一些受过西方学院派教育的人士，对于前苏联专家所宣扬的一套内容并不陌生，因为其本原就是学院派的体系，就是艺术第一，形式至上。因此虽然在“民族形式”上，我中华民族的“大屋顶”与俄罗斯的“塔尖”有所不同，但中轴对称、主配楼、三段式等则是一致的，“社会主义内容”当然是同样的，所以在学术思想上是一脉相通的，“艺术观”是一致的。

当时，新中国成立不久，广大人民群众对建筑也有一种表现我们伟大时代气魄的精神要求，表现我们伟大领袖的愿望，也就强调建筑的艺术效果，追求建筑的形式。而我国历代帝王的官式建筑也是中轴对称，台基、屋身、尾顶三段组成，所以从这方面来看又有着更广泛的群众基础。

思想意识上的看法，客观上的条件，因此在建筑领域内就形成了苏式（俄罗斯古典）、西洋古典和中国古典合为一体的“艺术观”，以“民族形式，社会主义内容”的旗号一度占领建筑界。

本文所述是个涉及建筑理论非常广泛的议题，是在党的六中全会政策的感召下，开始构思的，但一动笔又感到困难重重，既怕对客观历史的理解有歪曲，又恐自己认识肤浅，不自量力，以致漏洞很多，难以自圆其说，是大好形势促使我作这一尝试。

近来对国外建筑的理论做介绍是需要的，但也应正确评价我国的建筑实践。因此试图在此对解放后建筑界的争论寻找一下历史根源和社会因素，过去的已经过去，不必过于追究，然而也不要停留在一笔糊涂账上，而是要弄清思想，以有利于今后的发展。其次是希望通过这一议题，把建筑、城市规划、园林统一起来，统一到环境观这一思想体系上来，这对于今后的发展是有利的。更希望我们建筑界的探讨更活跃起来，深入下去，使我们的实践有所遵循，做起设计更加踏实，使我们的建设取得更好的效果。在这样的愿望下，而勉强成文，难免有的观点会有错误，相信大家是会原谅的。

本文发表于《城市规划汇刊》1984 年第 12 期。

园林·园林学科·园林教育

园林的含义

“园林”一词由来已久，按童寯先生的解说。“今将‘園’字图解之:‘口’者围墙也;‘土’者形似屋宇平面，可代表亭榭;‘口’字居中为池；‘𧘇’在前似石似树（《江南园林志》第7页）”。其意即指有自然的树木、山石、池水等，也有亭榭屋宇，并围之于墙垣内。这正是我国古典园林的概括。

在西方，基督教把伊甸园（Garden of Eden）作为人类生活的“极乐世界”、“理想天国”，这个思想对西方人有很大影响，常把“园”视作一种欢乐的、美好的自然天地。

在历史的发展中，无论是在我国或外国，都可以看到一些有权势钱财的帝王、贵族、地主、绅士、资本家在其宫殿、府邸、住宅的环境中引入树木、花草、山石、水体等加以组合而形成宫苑、庭园、寺园、花园、别墅等类型的私家园林，反映了人们有了一定物质条件以后，即需要接触自然，欣赏自然。如何把各种自然素材引入到人们生活的周围，使人们经常感受到自然的信息，又如何使人们能投入到大自然的怀抱，得到哺育、滋养，产生物质及精神的效应，应该是园林考虑的主要内容。

园林既要以自然为主要元素，但也少不了人工设施。中国传统的园林，人工的比重往往过多。而上帝安排的亚当和夏娃生活的伊甸乐土，也总得有路吧，“路”是人走出来的，是人行为的痕迹。作为供大众游览观赏使用的园林又怎么少得掉人工的内容呢？因此园林应是以自然素材为主，兼有人为设施，经过组织供人们享用的空间地域。

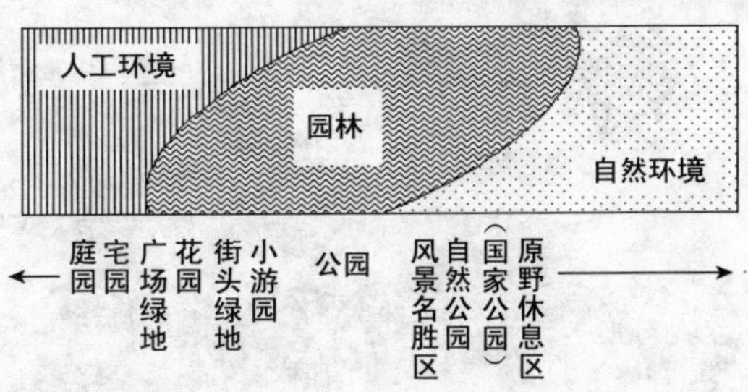

图1　园林的范畴

现代环境学的观点把整个空间地域划分为自然环境和人工环境两部分，而人总是在一定的地域或空间中活动的，可能是人为建造的空间，也可能是自然的原野。而人们应生活在人工和自然相互交融的环境之中。在人口集聚、建筑密集的城市地域应有庭园、绿化广场、街头绿地、屋顶花园等园林类型，在居住区则应有儿童游戏场、小游园、小区公园、居住区公园等设施，城市中还有区、市级的各类公园。到郊区或边远的地方则有森林公园、风景名胜区（或国家公园）等项目。从这个观点来看，小到桌上的一盆花、窗前的一棵树，大到自然公园，在人们的生活环境中到处出现园林的内容，处处领略到自然的信息，享受到自然的恩赐。

既以自然的植物材料为基础，就与生物科学中的农学、林学、生态学等相关联。既有人工的设施，就与工程技术的城市规划、建筑、道路等有联系，并且也就有“造”的问题。过去在人工的环境中种以树木，引入水体，置以山石，无论是再现自然也好，还是按人的意志对这些自然材料加工也罢，如同造房子一样，从无到有，“造”的意味是较浓的，因此过去习用“造园”之词也是自然的。但是事物是发展的，现代园林不再是局限于那些把自然景色搬至人工环境的“造园”，还包括了那些自然造化为主的自然风景区，自然公园（或国家公园）等类型。为了让人能身临其境，领受到大自然神奇、壮丽、秀美的景色，根据需要修筑一些路，略配一点设施而形成的自然公园。那些自然美景岂是人工所能“造”出来的？又如何能以“造园”来概括呢？因此“园林”比“造园”有更广的含义，也是事物概念的发展。

园林学科的发展

“园林是一门艺术”、“园林是室外的休息空间”、“园林是自然的再现……”。人们从不同角度对园林的认识，也反映了园林学科的多维性。

园林的形成和发展是与人类社会的发展相联系的。其含义、内容和形式随着时代也有所变化。历史上的园林大多是一些有权势钱财的上层人物所建，记录了他们的需要和爱好，反映了他们对自然的态度。如法国的凡尔赛宫苑，即体现了路易十四“朕即国家”的思想，他不仅对人民实行暴力的统治，对待花草树木流水也采取强制的态度。我国封建士大夫的私家宅园则重于诗情画意，聚山林之趣于咫尺之间，形

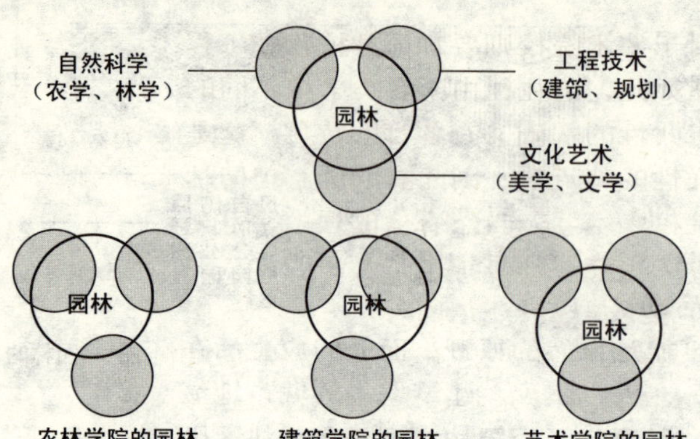

图2 不同院校的园林学科设置

式上虽迥然不同，但都反映了当事人的思想意识偏重于装饰、艺术和意趣的效果，园林艺术占有主要地位。

随着历史的发展，更多的人获得了享受园林的权利，建造了各类公园供更多的人游憩享用。1933年雅典宪章明确提出了建造公园、运动场及儿童游戏场等内容，并要求把城市附近的河流、海滩、森林、湖泊等自然风景优美之区供广大群众使用，后逐步形成了一套从功能出发考虑的公园体系。而20世纪60年代以来，随着环境科学的形成和发展，园林又成为生态平衡的重要因素，有了更广泛的含义。

以近代人们对园林认识的发展来看，可以简要地概括为艺术观——功能观——环境观，也是个体的、直观的、私有的——局部的、感受的、公众的——整体的、效应的、共享的。这是社会的发展，科学技术进步的结果，也是人们对园林这一学科认识不断深化的结果。园林的环境观既包含了物质的使用要求，也包括了人们精神的因素和美学感受，还包括了人的直观及直感所未能接触的环境效应，如生理反应、生态平衡等，从宏观和微观的角度来理解园林的效益。因此它既包括了“艺术观”和“功能观”的合理内涵，还有它更新、更广泛、更丰富的内容。谁也不会否认园林艺术的效果，但如果把园林的概念着重于艺术范畴，那就难以适应现代园林发展的形势了。

法国哲学家丹纳说过“自然界有它的气候，气候的变化决定这种那种植物的出现；精神方面有它的气候，气候的变化决定这种那种艺术的出现”。在过去的社会里，园林属于私人所有，并且按其主人的情趣和当时的艺术风尚来布局，而现在的园林要为广大群众所享用，因此在艺术情趣上要符合现代人的需要，也是理所当然的。

园林教育

园林是一门综合性的学科，具有边缘学科的性质，是科学、技术和艺术的结合。

园林人才的培养需要有多方面的知识和素养。一般认为主要有农学、林学的；建筑、城市规划的；文学、艺术方面的，它既与它们有联系但又与其有区别。这一特点也必然反映到园林人才的培养中来。如在农林院校设置，则需要增加工程技术和艺术的课程，如设在建筑学院就要补充园林植物方面的知识，附于艺术院校则要加园林植物和工程方面的内容，以各补其所缺。即使如此，仍往往由于各类学校不同的体系和基础，而会有所偏重，既有共性的基础又有各自的特色，这是很自然的，也是符合这门学科多样性的特点的。因此有的同志把园林首先看作艺术，认为应该由艺术院校来培养，当然有他的理由，但如果否定这门学科在建筑院校内培养的可能，那恐怕也是欠妥的。从现在园林人才的实际需求情况来看，无论是国内还是国外，大部分是由农林院校和建筑院校有关园林的专业培养出来的。在实际工作中也反映了各自的所长，这也是大家有目共睹的。至于是否有更好的培养方式，还得有待探讨和实践。

就历史上有名的造园家来看，凡尔赛宫苑的设计者勒诺特，他年轻时代初学绘画，再攻建筑，后又致力于园林，集艺术、建筑和园林于一身，从而取得了。又如，被称为美国园林之父的奥姆斯特德，他受过工程技术教育，因此他在波士顿绿地系统的规划设计中，首先是将穿越城市的河水污染加以治理，将水体与绿化构成了一条“绿色的项链”，至今受到人们的赞赏。至于从事于园艺而后成为造园师的例子就更多一些。在早期很多造园家本身就是艺术家、画家，许多园子就是他们的艺术作品，而现代则在农林学院和建筑学院培养了一些人才，比较着重于使用功能方面，而随着环境学科的发展，园林人才的培养已有归属于环境学院的例子。这个过程和趋势也正与园林观的发展相吻合，是客观需要的反映。至于我国园林发展的情况，由于各方面的条件所限，目前主要处于功能的发展阶段，对园林的使用功能给予必要的注意是符合我国国情的。至于有些地方对园林艺术注意不够，或水平所限，搞得不好，也应引起大家的关注。有些为了追求某种艺术效果，花了不少钱搞仿古亭，堆假山则更要引以为戒。对于代表发展方向的环境生态的观点也需要加以关心和扶植，逐步树立起来并加以贯彻。这样就可以使园林这门新兴学科能够更好地为现实服务，并为人们创造一个自然环境与人工环境相互交融的理想环境而做出应有的贡献。

本文发表于《中国园林》1983 年第 5 期。

孤岛新镇同济河设计的构思和效果

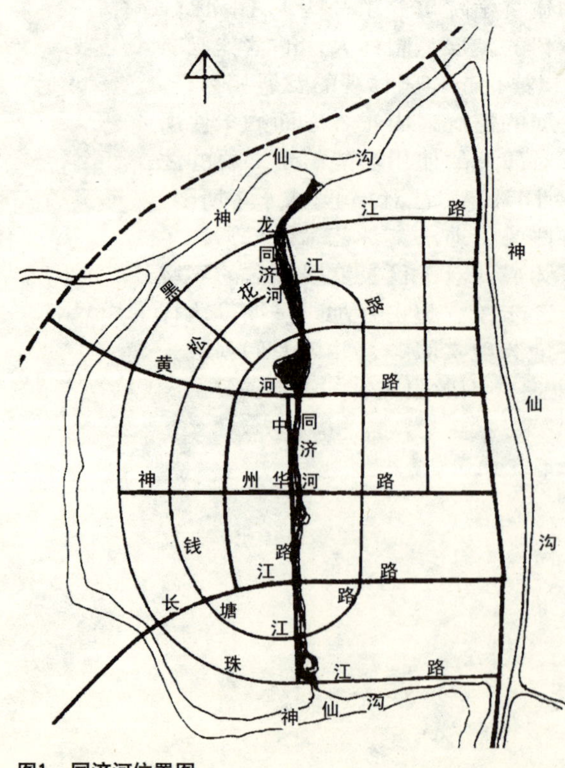

图1 同济河位置图

孤岛新镇于 1984 年在山东省黄河三角洲的滨海地区开始建设，其规划设计获得 1986 年度城乡建设优秀设计一等奖（详见《城市规划》1987 年第 1 期）。

该镇原有一条灌溉渠——“神仙沟”环绕全镇，规划中从组织人工与自然环境和谐融合的思想出发，设置了一条位于城镇用地中部贯穿南北的绿化带，宽度约 30 米，并在绿带中设置了一条宽约 8 米的人工渠即同济河（图 1），把南北神仙沟的水体连接起来，并将相邻的居住社区、小游园、中心广场和公园等绿地联成一体，形成该镇绿化体系中的一条轴线，为人工建设的新镇注入了自然的活力。

同济河的作用并不止于此，还在于：

1．用水体滋润周围的土地

该地区属盐碱地，植物生长条件欠佳，同济河使沿河的绿化得到良好的生长条件，达到葱郁的效果。

2．用明渠排水可节约投资

该地区年雨量不大，但较集中，常形成“旱时一片黄，雨时一片汪”的情况，因此雨水干管的管径较大，且需设二级泵站，费用较大。而如采用同济河作为明渠代替雨水干管，则既可排雨水又可起蓄水调节作用。据估算，这样可节约投资和运营费用 400 万元以上，经济效益显著。

3．为建设用地提供填土

开挖同济河可挖出 25 万方土，它可将建设用地填高 15～20 厘米，这在城镇竖向设计、防止盐碱化以及绿化等方面均是有益的。

以上描述说明该人工河对改善环境、节约投资、丰富景观均可产生积极的效果。在具体的设计中我们又做了进一步的考虑：

1．要保证水体不“腐”

“水清则喜，水浊则忧”，要保持水体的清净，除了要防止污染外，还要保持水体处于自然的流动状态，做到“流水不腐”，而要做到这一点，必须要有充足的水源补充。

根据这一原则，我们将南面神仙沟的水提升 2 米后流入同济河，并在同济河的纵断面设计上将河道分成三段，利用经提升水源后形成的位势形成跌瀑、溪涧，这样不仅加强了水的自净能力，又可形成动水的景观供观赏（图 2）。

2．用风能提汲水源

要把水提高 2 米的位势，需要能源，采用水泵要消耗大量电能。因该镇地处海滨，常有 4 级以上海风，因此我们采用了用风车将神仙沟的水提升入同济河的设计方案，这样还因风车的形象和运转可为城镇提供一个别致的景观，并且不会因风的间歇而引起水流的减缓或暂停从而对水体产生不利的影响。但这一方案由于建设单位在风车机械管理上没有把握而暂作了唧泵的考虑。

3．使人工渠自然化

将河道线形弯曲，局部放宽成池，使水面空间有变化，达到“虽由人作，宛自天开”的效果。

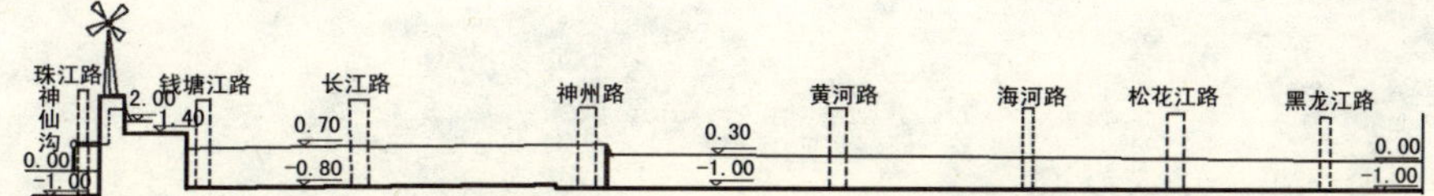

图2　同济河纵断面

4. 美化空间环境

根据空间和景观的要求，把水体和绿化、地形结合起来组成一体，从而构成丰富美丽的自然景色和生活环境，使新镇更加生动。

本文发表于《城市规划》1990年第6期。

医院室外环境设计构思

——上海市第六人民医院环境设计构思

上海市第六人民医院新址的室外环境是1991年5月份建成的，至今仅一年多时间，绿化效果尚未完全形成，但由于在上海医院中有这样大的绿地面积（约3公顷，占30%），加之其规划设计和建筑小品有些特色，因而引起人们关注。

规划的宗旨是创造一个尽量好的绿化环境，满足装饰美化的要求，为病员提供有利于康复的休息活动空间。由于这项工程是市重点工程，时间紧、任务重，而且规划设计的对象已是建筑基本完成后留出的空地。所以，我们认为要在设计上有所突破，关键在于要强化甚至重新塑造这个新医院的环境气氛，应真实地面对种种地形、造价、管线等现实问题，恰如其分地把对这些问题的解决交融在最后的结果之中。此外，应努力扩展园林设计的语言、词汇，创造新内涵与新形式。

设计内容主要包括入口花池、中心庭园、住院部前庭及其他建筑周边绿地。下面就我们在入口花池和中心庭园设计中的某些构思做一介绍。

一、入口花池（康健园）

是医院的前庭，面积约1000平方米，原设计做成一个圆形的喷水池，竖立了一个高杆广场照明，考虑到这样做一来水池占用了很大面积，

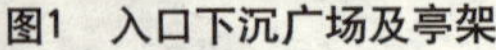
图1 入口下沉广场及亭架

图2 俯瞰中心庭园

二来水池难以保持清洁，再者气氛较喧闹，与医院的环境不协调。我们针对其周围的建筑及道路条件，采用了下沉式广场的做法，使之成为大量候诊病人逗留休息的场地，可排除周围人来车往的干扰而达到较安静的效果，同时，又可以利用室外的绿化空间来缓解候诊室的拥挤和减少交叉感染的机会，并使来就诊的病人在逗留、观赏之中有益于身心健康。再之，其位置醒目，应有标志性的作用。在设计中做了如下的考虑。

1. 用踏步使广场下沉 −0.45 米（原拟 −0.60 米，但因地下管线所限）以阶梯式绿化逐步升高（至幕墙顶 2.75 米），形成了一个高差约 3.0 米的半围闭空间，与周围相隔离，并将视线集中引向水幕墙，特别是蔽去了西北处的高压电杆，达到了“俗者蔽之”的效果。

2. 阶梯形层叠的绿化，各层采用常绿与色彩丰富的花卉交替成块面的配置，形成明显的构图，从各个视点看去都能达到较满意的效果。

3. 在广场的一角做了一个幕墙，运用水流在不同质地流淌产生不同波的效果，在锯齿形的石壁上刻有光洁的“康健园”字体（原设计为 ZHJK 祝你健康），在水流时形成字体的显示，寓意“流水不腐”，“生命在于运动”，它既是供观赏的水景又使观赏者（特别是病员）可从中得到启迪（现很少使用，而将字漆为红色，是管理上的问题了）。

4. 整个广场采用平面 4 米 × 4 米，竖向 0.30 米的模数尺寸来构成架及花坛的基本尺寸，形成一种现代的节奏感。

图3 俯瞰中心庭园

5. 广场中设置了五个亭架，通过亭顶与框架梁柱转角 45° 的处理，创造了虚实转换的限定空间，产生了一种特殊的空间效果，既统一又变化，有强烈的个性。顶盖运用了中国民间的升斗形式，塑造了中西合璧的标志性形象。

6. 在色彩上，构架采用与建筑同色的米黄陶瓷锦砖，而在屋顶、绿化和铺地上则采用了对比色，使气氛较活泼。

二、中心庭园

图4 中心庭园入口广场

它是位于十五层病房主楼南面，由治疗、科研、后勤等建筑四面围合的一块 120 米 × 90 米长方形的绿地，它既是病员休息活动的场所，也是周围视点所聚。具体构思为：

1. 按照环境心理学的观点，根据各种病员健康情况和兴趣爱好在园内铺了大片草地，种植了多种花卉、树丛，挖水面，筑假山，堆土丘，并建了亭、廊、架，以满足病员散步、打拳、练气功、坐息及观赏等活动的要求，并在整体环境上有利于病员的身心健康，成为医院治疗的一个辅助部分。

2. 考虑由高楼向下俯瞰的整体构图，在平面上采用流畅的道路曲线和整形的建筑、广场。使开阔的草地和成丛的花木、大片的水面和起伏的土丘构成一幅美丽的图画。由于病房主楼 15 层高，除了重点考虑最高几层（12～14 层为高级病房）休息平台的视觉效果外，并注意到不同楼层视景的相对完整性，所以在设计中采用纵向分段处理的方式，每段有一构图中心，使人们从不同视高均可获得较完整的构图效果。

3. 中心庭园在纵向分成花木树丛——草坪——水面——山丘松林四段，各段虽各有景色，却又都向水池倾斜而形成以水池为中心的构图，并采用多种对比方式，如自由形的驳岸与规整的亭架，流畅的池岸与凸凹的堆山，层叠的跌瀑与平静的水面，平缓的草地与齿状的路缘，白色的廊架与绛红色的铺地，构成了对中心的强化，达到较理想的景观效果。

4. 临水亭架采用 8 米 × 8 米的框柱，而顶部采用 4 米 × 4 米的梁架，一部分有顶，一部分为花架，亭架相间，虚实互补，统一而有变化。又如，太极广场的廊架，顺着坡势向水池下降，构成引向和层次的效果。

本文与研究生周向频共同完成并发表于《时代建筑》1993 年第 1 期。

深圳市绿地系统规划

近几年来，深圳城市建设发展迅速，经济高速增长，但同时也带来了许多生态环境问题，其中城市与绿地系统建设的矛盾日益突出，引起了大家的关注。同济大学城市规划系受深圳市规划国土局委托完成了“深圳经济特区绿地系统规划”。本文主要介绍该规划的目标、原则和内容。

一、深圳市绿地系统规划的目标和原则

深圳特区经过10年的建设，其园林绿地已颇具规模，许多指标在全国处于领先地位，但与国外先进城市相比较还存在着一定的差距。在21世纪到来之际，深圳市将以建成亚太地区新兴的金融、贸易、运输、信息、旅游、高科技开发等多功能的国际城市为目标，以建立一个经济高水平、环境高质量的生态城市为方向，就必须对绿地系统做全面的规划。

1. 首先要把提高人均公共绿地面积和城区绿化覆盖率放在重要地位，使其接近世界先进城市的水平，人均公共绿地30平方米以上，绿化覆盖率40%以上。

2. 各类绿地合理分布和设计，以充分发挥绿地的环保效益，有利于大气、水体、噪声等主要环境指标达到国家先进的标准。

3. 充分利用山、海、河、绿的自然资源优势，合理组织，构成体系，

发挥自然生态的效果。

4. 应考虑深圳市作为我国改革开放的窗口和与香港接壤的条件，以及以轻工、电子、风景旅游业为主的城市性质，创造优美的城市空间和良好的投资环境。

5. 绿地建设应符合多元化的需求，以生态型、福利型、经营型结合，使所有市民均能享受到自然的赐予。

二、深圳市绿地系统规划

根据深圳的现有条件及人口发展到160万（特区）的总体要求，分别考虑各类绿地，并从整体系统上加以综合，除了通常的居住区绿地和专用绿地按照有关指标确定其面积和分布外，本规划着重对生态绿地、公园绿地、道路交通绿地和旅游绿地进行了分析和研究。

1. 生态绿地

以环境学科的思路作为一个分类进行考虑。按其在深圳所处的位置及生态作用划分为组团绿化分隔带、滨海绿带和山地风景林带三种，通过相互衔接构成生态绿地体系。

（1）组团绿化分隔带。原深圳特区的规划保留有三条纵贯南北的分隔带用地：①福田分隔带位于福田中心区东侧，与北面的笔架山连成一体；②红树林——黄牛龙分隔带，由滨海的红树林向北与山林相接；③沙河分隔带，沿着沙河水系两侧形成。这三条分隔带使狭长型的建设区切割分成为比较合理的组团布局。从整体上看，在规划中建议将蛇口工业区的北侧沿内环路、东滨路增加绿带宽度，构成“第四分隔带”。如果对罗湖区的洪湖公园、文化公园提高林木的郁闭度，以生态功能为目标，通过努力可以形成“第五分隔带”。这样几条宽阔的绿色林带建成后，将使深圳特区的人工环境嵌上了自然林带的框架，为城市生态环境打下了良好的基础。

（2）滨海绿带。从福田红树林至蛇口东角头港口，结合人工填海，建设一条滨海绿带。东段在围堤建路时要保护原滩地发展红树林带，采用桥涵使海水与原滩地沟通，将红树林“引入”城市。其他地段留有20米以上宽的绿带。整条溪海绿带有一定的防风作用，并可弥补深圳市东西向滨海生态林的薄弱情况，并形成具有特色的海滨景观效果。

（3）山地风景林带。沿海拔75米以下布置和规划建设用地之间的山地林带，是城市景观的重要背景，是城市生态的结合部，也是城市游憩的良好去处，规划中将此绿地划为风景林带，归属生态绿地，纳入公共绿地建设管理和开发使用的范面。规划要求针对现状，按照植被次生演替规律，通过适地适树的途径模拟顶极群落，设计植被生态与风景景观相结合的风景林体系。

2. 公园绿地

规划在原有基础上根据需要做了进一步的补充和完善，以期达到城区居民在步行15分钟内能到达有相应绿化环境和设施内容的市、区级公园。实在没有用地的地区，则必须在居住区建设中配置约5公顷的居住公园以供居民享用。

规划公园24个，面积14833公顷（其中，市级公园9个，面积1188.2公顷，区级公园15个，面积295.1公顷）。人均公园面积9.3平方米（按规划人口160万计）。其中，近期建设公园9个，均有较好的植被和地形条件，通过局部调整整理加入必要设施，就可初步经营，发挥效益。规划中对重点公园（如笔架山公园、莲花山公园、海洋广场、中山公园等）均做了规划构想，以期达到形成各有特色的整体完善的公园体系。

3. 道路绿地规划

深圳现有道路已绿化431.54公里，道路绿化面积450公顷，构成了基本框架。许多道路经过几年的经营，行道树已成荫，花木点缀其间，颇有效果。根据需要从整体考虑，规划进一步明确了各条道路的绿化宽度和树种选择，在几条主要道路（如深南路、北环大道、高速公路等）的两侧均有20~30米宽的道路绿化带，配置各种亚热带林木植被，使人无论乘车或步行，均能得到绿色的享受。通过规划，道路绿地面积增加到753公顷（其中，街道花园为453公顷）。

4. 旅游绿地规划

这是结合深圳的特殊情况而设的一种绿地类型。旅游业作为深圳经济的重要产业之一，如“五湖四海”的度假村和“锦绣中华”、“中国民俗文化村”的建设都对深圳的发展起了积极的作用。面对着新的发展需要，也会产生新的旅游项目和旅游绿地的需要。应给予相应的考虑。

旅游绿地是一种特殊性质的绿地，在深圳是采用土地批租、效益承包的方式，它有利于促进房地产业的发展。其项目应统一规划审批，以确保综合平衡；要按全国第一流，面向世界标准来建，是形成国际旅游城市的一个重要方面。

结合深圳的海、山、河、绿地的良好条件，除已建的项目按需要加以丰富充实外，提出了一些规划建议，如：

（1）溪冲游艇俱乐部。利用溪冲优越的海洋资源，设国际游艇俱乐部，可形成国内、国际经贸界高层次休闲、交往的高级旅游场所。

（2）梧桐山民俗度假村。结合梧桐山风景区接待的需要在环境优美的山水之间建“客家文化村”和“中国山地文化村”，以回归自然，异土风情的魅力来吸引游客。

（3）梧桐山长青园。位于梧桐山南路，背山面海，是墓葬的风水宝地，可建“绿葬”公墓，既满足墓葬的需要，又有利于改善生态环境，成为游览观光之处，并起移风易俗之效果。

（4）银湖国际会议中心，建高级度假村、国际会议中心，配备相应的通讯、信息、娱乐、健身、休闲的设施。

（5）爬行动物园。位于沙河隔离带中。利用河水、浅滩等自然条件形成一个适于爬行动物活动的生态环境，成为富有特色的野生动物园。

另外，特区内目前尚有梧桐山风景名胜区和内伶仃岛及福田红树林国家自然保护区，应根据有关规定，在保护其资源的原则下适度地加以利用。

由各类绿地所形成的点线面网络系统，集传统和现代的各种城市游憩功能、生态功能、景观功能于一体，将发挥出作为现代化城市的巨大文明力量。

三、对几个问题的探讨

城市绿地系统规划在我国尚处于初级阶段，在该项目的工作过程中出现了不少值得探讨的问题，如绿地的分类，绿地指标如何与国外对口比较，绿地指标的合理确定等，现仅选几则供探讨。

1. 对生态绿地的考虑

城市绿地的生态理念已逐步引入到城市的布局中，其效果大家正在探索。深圳特区背山面海，有良好的自然环境，在原城市规划中即采用了组团的思想结合自然条件设置了三个分隔带。在这次绿地系统规划中进一步考虑了蛇口和罗湖分隔带的建设，这样就可以把深圳特区的建设用地划分成（4～6）×（3～5）公里的组团地块，宽阔的绿化带就如同隔墙一样起到了控制“连接”的作用。使整个人工建造的城市，借助自然的山海，加上人工的措施形成一个比较理想的框架，整个城市被山水林所环抱，每一区块被绿化分隔带所围绕。

2. 对旅游绿地的看法

由于绿地系统的内容非常丰富复杂，各城市的自然环境和社会条件也有差异，特别是随着市场经济的培育和发展，绿地建设作为一项产业纳入了经济的轨道。因此，除了按一般使用分类方式外，还可以从环境效益、社会福利、盈利收益等方面来考虑。结合深圳的具体情况，既有以维护生态为主要目的，为全市居民共享的生态绿地，也有只收维护成本，并不考虑回收投资的公园绿地，又出现了以旅游为功能的绿地，包括：自然型的大、小梅沙海滨旅游，以居住为主的各式旅游度假村，以及“锦绣中华”、“电影城”等娱乐型的旅游地，它们所占用地总面积几近于公园绿地的面积。它们的建设与经营虽以盈利为主要目的，但其绿化的公共性和无界性又对城市的环境起了积极效益，因此应把这部分绿化用地作为一种类别纳入绿地系统中是符合实际，比较合理的。

深圳特区绿地系统规划主要指标汇总　　表1

规划 指标				
	现状	建成区人口42.3万 建成区面积75.7平方公里 特区面积327.5平方公里	规划	规划区人口160万 规划区面积230平方公里 特区面积327.5平方公里
人均公园绿地	22.0平方米/人		9.3平方米/人	
人均公共绿地	34.5平方米/人		35.1平方米/人	
绿化覆盖率	37.7%		41.7%	
总林地覆盖率	51.9%		63.3%	

深圳市绿地规划汇总表　　表2

绿地类型		现状面积　（公顷）	规划面积（公顷）	总计（公顷）
公园绿地	市级公园 区级公园	762.9 155.9	1188.2　295.1	1483.3
交通绿地	带状绿地 街道游园	450.0	753.0	753.0
生态绿地	滨海绿地 组团分隔带 外围风景林带		92.45 1187.2 2394.9	3674.6
旅游绿地	居住型 文娱型 自然型	141 45.8 247	307.8 314.2 677.6	1299.6
居住绿地		897.0	1006.0	1006.0
专用绿地	工厂 仓储 公用 大专科研		369.6 79.95 244.8 269.4	963.7
生产绿地	苗圃 荔枝果园	6 372	66 59	125.0
防护林地			9899.5	9899.5
风景名胜区			2488.3	2488.3
自然保护区	红树林 内伶仃岛	201.7 483	281.3 483	764.3
特区绿地总面积		22457.3		

3. 指标计算的商榷

目前，所采用的绿地指标均以城市常住人口为基数，深圳特区1991年统计的总人口数为119.8万人，其中常住人口为43.21万，暂住人口76.59万，公共绿地为1379公顷，如按指标计算人均公共绿地为31.9平方米，而如以总人口计则为11.5 平方米，差距甚大。而在公共绿地的使用上，暂住人口与常住人口享有相同的权利与条件。特别在深圳，暂住人口远大于常住人口，再加之还有众多的流动人口在使用公共绿地，因此按常规计算深圳人均公共绿地30多平方米的数据，水分太大，不能反映实际情况，至于如何更确切地计算，则有待探讨。

此文根据1993年8月完成的“深圳经济特区绿地系统规划”的内容摘要改写而成。文章发表于《城市规划》1994年第1期。

杭州湖滨刍议

本文对杭州西湖湖滨的园林及空间处理进行评议，比较了拓宽湖滨绿化地带的几种可能性，如高架步行道及地下车行道等。本文还论述了在湖滨建造高层建筑的不可取。

杭州是国际性风景旅游城市，西湖是闻名于世的风景名胜地，湖滨地区是杭州城与湖的交接带，也是两者的结合部。湖滨绿地是观赏西湖景色的极佳处，整个湖滨侧影又是西湖美景的重要组成部分。湖滨地区已成为外来游客游览杭州的起讫点、住宿地和游览购物的中心，因此该地段的规划和建设受到广泛的关心和注目，议论颇多，在此也抛出陋见凑上几句。

辛亥革命前西湖是杭州城的西郊，有一段高高的城墙把西湖和市区分开，人们游西湖要由钱塘门和涌金门出入（图 1－a）。民国初年，拆除了城墙，辟为湖滨路，使杭州城与西湖连成一体，沿湖一带成为游客驻留徜徉之地，各类旅馆、餐饮、商店、游乐场应运而起，成为杭州最热闹的地区。随后使这块旗营冷落之地价值倍增，这种由西湖山水带来的环境效益迅速转化成为商贾的经济收益，湖滨地段的繁荣成为当时杭州经济的重要反映。

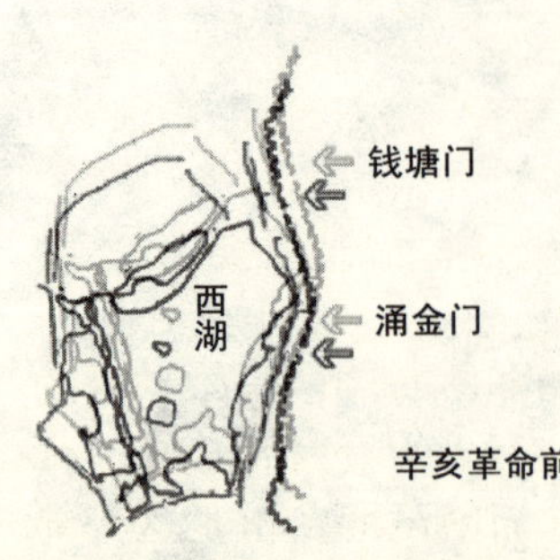

图1–a 封建社会，人们的居屋、邻里、城市均为内向的封闭空间，当时杭州有城相围。西湖隔于城外，人们需穿过城门才能来到湖滨。

解放后三十余年来对历史形成的湖滨地段虽有不少改造，但其面貌变化不大。

它仍是各地来客落脚、娱乐、购物之处，也是来杭州游览各线的起讫处，而随着游人的不断增加，20世纪20～30年代所形成的格局和设施远远不能适应现代旅游的要求，需要彻底改建，已经提到日程上来了。

根据杭州总体规划，这块湖滨地带的性质是旅游公共建筑用地。但具体是以旅游还是休憩为主呢？是建筑物为主呢，还是应多挪出些绿地呢？是多建点高层建筑呢，还是把建筑的层数基本上控制在四层以下呢？则存在分歧。

湖滨路原是旧城墙的位置，现拓建成为一条车道18米，两旁各5米人行道的交通干道，北连绕城西路，南接解放路南山路，交通繁忙，终日有大量车辆通过（现虽对货车已有限制），从而阻隔了湖滨绿地与湖滨设施地区之间的联系。又由于人行的来往穿梭，也影响了交通的流畅。随着城市的发展，其交通对湖滨地带的干扰和污染将有增无减，造成阻隔、骚扰和不安定感。就如同一条新的“城壕”而使行人难以跨越（图1−b）。当然我们可以采用现在习用的天桥或地道来设法弥补（图1−c），但终究是一条鸿沟在空间上把人们的活动分为两个部分。在总体规划中虽然认为随着城市道路网的完善，湖滨路的交通可以得到某些疏散和缓和，但从实际分析来看，该路仍具有相当的穿越交通，因此如何解决其交通对湖滨环境的不良影响，以提高地段的环境质量，则是需要考虑的问题。

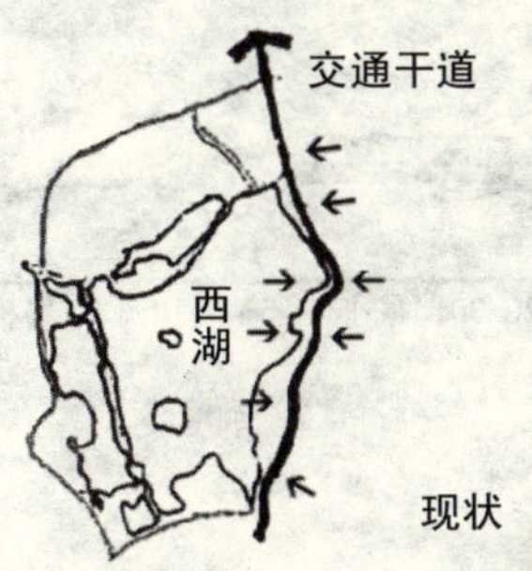

图1−b　拆城改路，空间环境得到改善，但随着湖滨路交通的增长，西湖与湖滨的阻隔越加严重，并产生多种干扰。

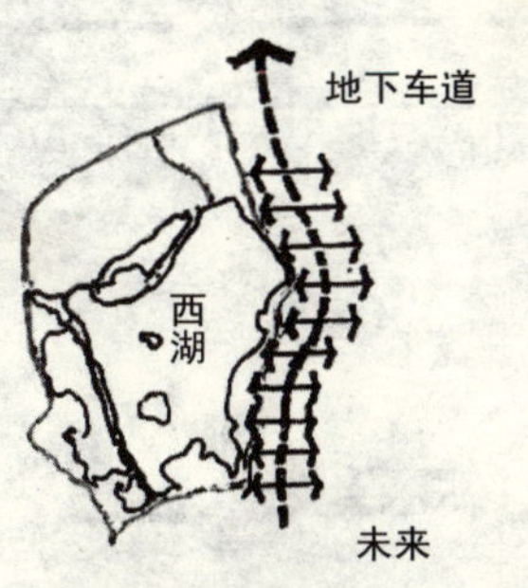

人们生活不断趋于外向，并追求与自然的融合。现代技术能充分满足人的这一愿望，规划应将城市与西湖按有机结合的原则来考虑。

图1−c　道路铺面

湖滨绿地（俗称的一～六公园），它是一条长约一公里的公共绿地，其中二～五公园为一穿越性游览带，宽度一般为20米左右（最狭处为7米）（图2−a），它处于西湖与城市交界处，是观赏西湖美景的佳处，几乎是来杭州游览的人们必到之处，加之它紧贴中心区，也是居民使用率极高的城市绿地，现有的面积远远不能满足游人和居民逗留、观赏、游憩、社交、锻炼等多方面的需要，自清晨至深夜持续有超饱和之感，加之绿化太少，设施不足，不能符合一个风景旅游城市的需要。随着湖滨地段旅游设施与公共建筑容纳量的增加，对湖滨绿地的要求更高，压力更大。这种情况当然要改变，在总体规划中决定要拓宽湖滨绿带，在湖滨路东侧保留30～50米的绿化地带，以弥补现有湖滨绿带不足的规定无疑是正确的。这样在整个湖滨地区为大众提供了更多的游览、休息、生活的绿化和地域，是会给西湖的环境更加增色的。但是这一绿

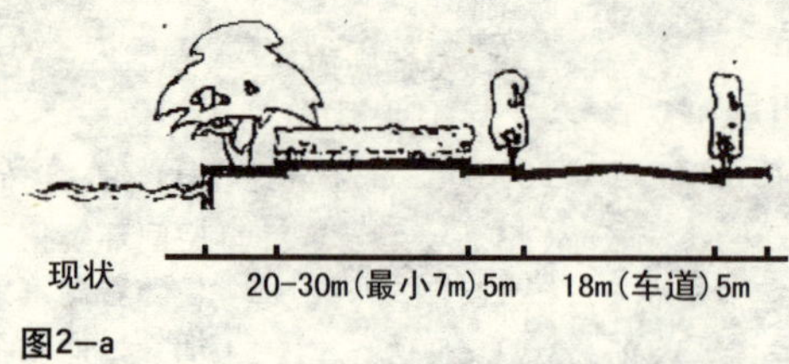

图2-a

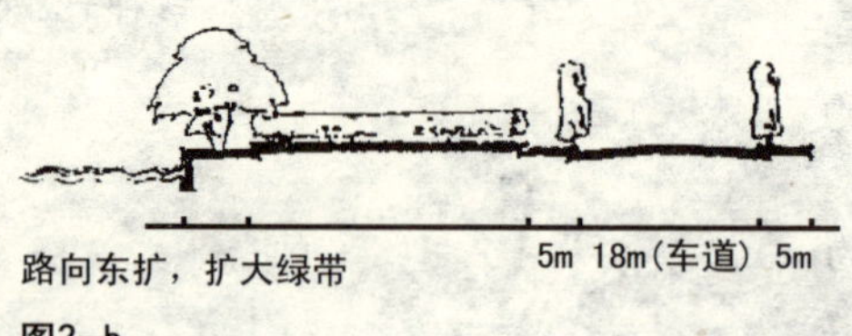

图2-b

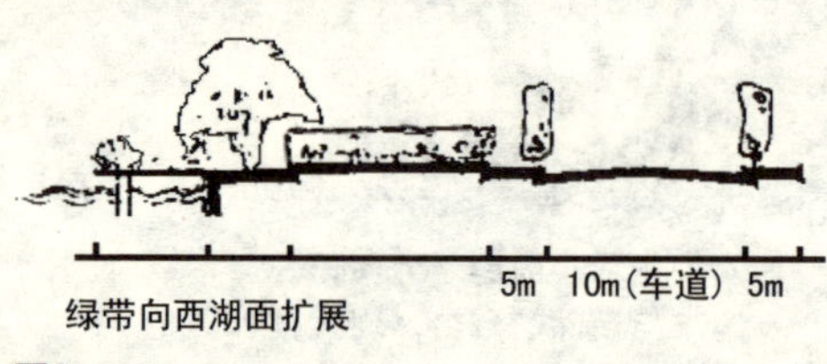

图2-c

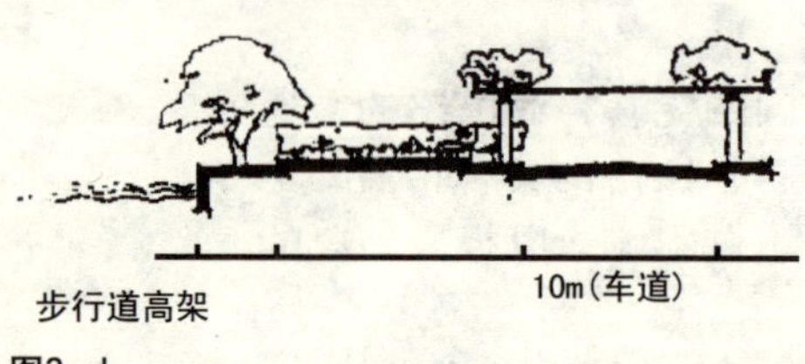

图2-d

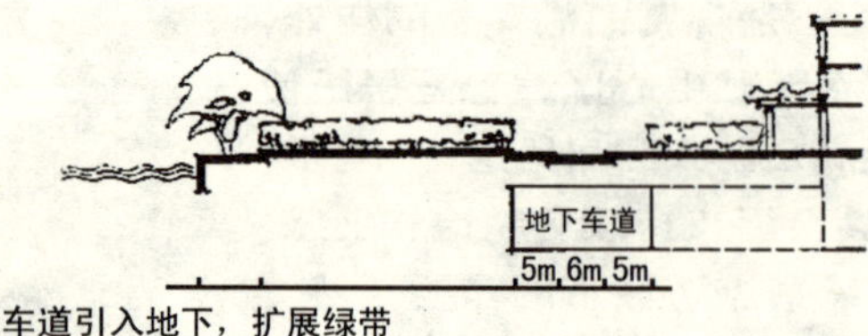

图2-e

带是一刀切呢？还是交错渗透呢？如果是在湖滨路的东面，那么现在的湖滨绿地与新拓的绿地之间有一条交通路分隔，其效果又如何呢？需要做一些探讨。

湖滨绿地要拓宽，绿地面积要增加，这是一致的要求。如何处理？向西，填湖，以缩小西湖水面来扩大绿地，是不可取的（图 2–b）。向东，有湖滨路，如将路东移，则使湖滨地区更窄，用地更紧，也不切实际（图 2–c）。而如果将湖滨路的车行移入地下，或采用下沉式路堑式的处理，则可使总体规划中所规定的30~50 米宽的绿化带与滨湖的绿地连成一片，从而使湖滨旅游服务与绿地结为一体（图 2–d）。这要比被道路分为两块的情况有利得多。在湖滨地区的开发中不仅要在地上考虑，同时也要向地下打主意（图 2–e），可利用地下作为仓库、车库等辅助设施以节省地面的空间。在建筑、道路设计中均应考虑地下联系的因素，形成一个综合的体系。当然地下的开发需要增加一些投资和管理费用，但作为一流风景旅游城市，作为湖滨这样一个重要地域来说应该是可能的，并应该尽力争取的。这样，湖滨地区、湖滨路、湖滨绿地就成为一个综合的整体，可以按照现代的思想、技术和手法加以展现。这样就可以把滨湖绿地引申到旅游服务区，游人可以由湖滨的商店、饭店、旅馆等处顺着繁华的商业街，沿着绿化步道自由地无阻挡地逛到西湖边，并与整个环湖绿地步道系统连接起来。这是符合现代游人的需要的，也是现代旅游城市重要的特征，这样就可把西湖的自然山水和现代的旅游服务设施融合在一起，使湖滨地区成为人工与自然互补的地段，将湖滨的环境质量提高，为知名旅游城市进一步增色。

西湖是一个大公园，它以秀丽的山水，恬静、淡雅的特色而著称，水不广，5.6平方公里，被堤、岛分隔成若干个大小不一，错落有致的空间。三面环山，山不高，二三百米，高低起伏，线形柔美。山水相依，环湖而视，宽广的水平视角和仅5°~6°的垂直视角，给人一种舒展、平静的感受，为历代的人们所赞赏。对现代来说，人们在高节奏的社会生活以后，需要一个平缓舒展的空间以调节紧张的精神，也需要一个没有界限的抽象的时空可以互相转换空间，以适应高度发达的思维和想像，而西湖周围的景色正符合这种要求。

近两年来西湖畔的高楼不断耸起，从湖而望，几大“金刚”已俨然而立，“十三太保”即将出世，据闻还有更多的“天兵将帅”将簇拥而上，如此下去各自争相比高比大，偌大的体量，使群山见小，秀俊的西子姑娘则被一个现代化的大汉所胁持，引起了众多的议论和忧虑。我曾有幸登上一座新建高楼俯望西湖，小小弹丸，尽收眼底，湖也小了，山也矮了，西湖的含蓄之美荡然无存了。当我徜徉于苏白堤上，泛舟于湖水之中，原有的平静、安谧之感已受到侵渎。杭州城市当然要发展，高楼当然也会兴建，这是无可置疑的。但是作为世界闻名的西湖，其风貌特色则又必须加以保护，其周围的建筑，高度、体量、形式上都应与环境相协调。我们的祖先在西湖边建造的保俶塔和已毁的雷峰塔，在“形”上采用竖向的对比打破了柔和的水平线，而在“神”上则仍以柔美的线形相协调，达到了很好的效果，而人并不能登上，保存了西湖的柔情、含蓄。而屹立在钱塘江畔的六和塔，高达六十多米，却供人登顶眺望，可一览钱江之雄伟浩荡。看来，把杭州的高层建筑放置到钱塘江边则会受到赞扬。

这样来看，在湖滨旅游服务区的建筑大多数应尽量控制在四层左右的高度，部分可以具体运用步行商业街的方式来布局，要打破各家各户划分地域的界限，让游人能够自由地无界限地游逛、选购、休息、观赏。部分建筑可以采用错落的两三层的外廊或屋顶平台，成为人们休息、品尝、观赏、眺望的地方，由于其高度在一定控制范围内，并且其视角在竖向和水平上得到变化，从而使人们可以从更多的角度来欣赏西湖山水的景色，或上或下，或南或北，形成更多的游赏空间，也能满足更多层次的游人的需要。滨湖的绿化不仅通过街道、广场、庭院连成一体，并且可以延伸到两层、三层的走廊、平台、屋顶，使建筑与之相互交融，融为一体。

从湖堤方向看湖滨地区，则可以看到一个略有高低变化，绿树与建筑相融的轮廓线，如果这样，就能既保存“一面城”与西湖相协调的特色，又能符合现代生活的要求和美学观念，可以使美丽的西湖更添风采。

本文发表于《城市规划汇刊》1995年第4期。

城市与园林的关系
——中国太极图的启示

当今引起充分关注的城市持续发展的重要方面——即是正确处理人与自然、城市与自然的关系。本文提出了一个处理城市与自然、园林关系的模式，并依据几个城市的实例进行了阐述。

当今人和环境的关系引起了世界的关注，城市发展与自然环境的关系也成为城市规划和建设者所关心的问题。

可以这么说：人对经济、对物质、对效益的需求是城市发展的动因；人对自然、对精神、对环境的需求是园林发展的动因；社会的进步是城市和园林发展的共同动因。人们对这两者的需求既有矛盾又有统一，推动着人工与自然、城市与园林的共同发展。

一、城与园的演变

从历史发展来看，人类是自然的产物，我们的祖先是从森林中走出来的。当人类处于采集、狩猎时代时以穴巢为居，果兽为食，叶皮覆身，栖息于大自然之中。待到种植耕耘时代人们集居而建立了村落城镇，日出而作，日落而息，与田野朝夕相处，仍生活在自然怀抱之中；只有少数帝王、贵族终日在宫廷城池里，他们除了郊野狩猎游乐以外，开始有意识地将树木、花草、水体、山石以及虫鸟禽兽等引入他们居住和生活的周围，建立了自然为主的园林。历史上记载，不论是古巴比伦甲布尼二世的空中花园，意大利美狄奇教皇的第沃里别墅，法国路易十四的凡尔赛宫苑，还是中国清皇朝的圆明园、颐和园，都反映历来的帝王、权贵，当其有了一定的权势以后，不仅建造豪华奢侈的宫廷和府邸，并以大量的钱财修建有园林的宫苑宅园和别墅以满足其休闲、游乐和炫耀等多方面的需要，这些也反映了他们对自然的追求以及表达其精神上的喜好、感情的愿望。在城市建设上，不论是西方的巴黎、华盛顿，还是东方的北京、杭州，在建城之始即考虑到城市与自然的关系，反映了人们在城市发展中利用自然，保护自然和人化自然，再现自然的思路和做法，这就形成了宅与园，城市与园林组合的多种形态。这些宅园、宫苑以及整个城镇与自然协调融合的实例至今为人们所赞赏不已，并具有持久的生命力。

随着工业的产生和发展，城市化的扩大，促使人工环境不断扩大，并迫使自然环境日益衰退，生态条件更为恶化，引起了多种城市弊病，使人担忧。面对这一情况，早在1898年英国人霍华德就提出了“田园城市”的设想，希望通过控制城镇规模来调整人工与自然的关系以改善人们生活的环境，虽含有乌托邦的色彩，但这种良好的理想和愿望，反映了一种可贵的追求。1933年现代建筑国际会议所制定的《雅典宪章》中明确提出了要在城市中建造公园、运动场和儿童游戏场等室外空间，并要求把城市附近的河流、海滩、森林、湖泊等自然风景优美之地供广大民众使用，逐步形成了一套从功能出发考虑公园绿地体系的各种理论和方式，反映了人们已经认识到自然环境在城市生活中的积极作用；1977年“马丘比丘宣言”中强调了“建筑、城市与园林的再统一”，表现出对自然环境的尊重。也就是要求人工与自然在城市中得以协调同步发展，而1992年世界许多国家首脑参加联合国环境与发展大会更明确了世界环境的危机需要人类共同的持久不懈的努力来解决。

在一系列的呼吁和实际的教训中，人们认识到不仅要有物质经济的提高，更要满足自然环境的需求。现代生态学、环境学的兴起与发展，更使人从理性上建立起一种人工与自然相平衡，城市与园林相协调发展的理念，并逐步成为大家的共识。“人类渴望自然，城市呼唤绿色”更反映了现代大都市人们的愿望。为此，有条件的城市都在努力扩大绿地、提高环境质量，这些也成为衡量城市现代化的重要标志之一。

二、阴阳太极的启示

中国古老的太极图以阴阳平衡的观点概括了对宇宙、人类、自然的解说，包含着极为丰富的哲理，受到历史的赞誉和现代的理解，并

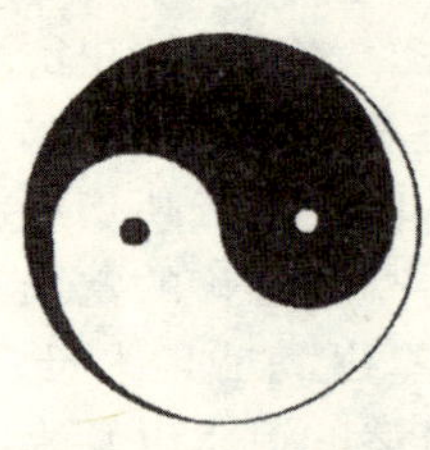

图1　阴阳太极图

从各个方面予以诠释，这一理念运用到现代城市环境中，即反映了人工与自然，城市与园林的关系。

其一，阴阳各半，各有天地。即城市应该由两部分组成：一部分是由人工营造的建筑、道路等硬质材料所构成的适应人们生活、工作需要的物质实体和建筑空间，是人工化的地域；另一部分则是由树木、水体、山石等自然因子所组成的满足人们游憩、精神、环境所需要的园林天地。人工与自然各有其自身的含义、内容、作用和特色，是相区别的，但又是组成整体的两个不可缺少的部分。

其二，阴中有阳，阳中有阴，阴阳互含。即人工中有自然，自然中有人工。人工与自然，城市和园林不是单一的，相互排斥的，而是可以相溶的。亦即你中有我，我中有你。在城市建成区内应有宅园、游园、公园、滨河道等反映自然活力的园林绿地，如美国纽约中央公园成为曼哈顿高楼大厦中摄取自然的窗口。而以绿色为主的郊野公园、自然公园中也少不了人为的道路和供游憩活动需要的各项人工设施。

其三，阴阳相握，互为依托。城市中的人工与自然既有区别，又不是截然分离的，而是相互交叉，紧密依偎的关系。反映了城镇依山临水而建，山林深处有人家的情景。也反映了城市繁荣则园林兴盛，园林兴旺则城市富有生命的相得益彰的互补关系。如一些旅游城市，均以其自然之美而引来八方游客，促进了城市的经济发展。

其四，阴阳互补，相辅相成。既联系又制约的平衡关系，是一个动态型的发展。一个城市的发展，既有经济、物质方面的，也有环境、精神方面的。在实际的过程中，人工的急速发展往往会对原有的自然环境产生冲击和破坏，人们应意识到其“度”，即其尚能承受的幅度，是可以通过调节而得到相应的平衡，也就是说，不仅在利用自然的同时要重视自然的保护，并且要运用人的智慧人化自然、再现自然，从而达到新的平衡。即园林绿地建设要与经济建设同步发展，不能单纯地只顾经济发展而严重地破坏生态环境，否则即会导致经济的衰退，这种事例已时有所闻，如水体因污染而无法使用，其后果则会给城市的发展带来危机。

总之，太极图表现了一种对立统一的规律，具有深刻的哲理内涵，它既包含了天地阴阳的关系，也概括了物质与精神、人工与自然、城市与园林的关系。当人们生活在人工与自然共荣，城市与园林相协调的环境中，既拥有丰富的物质文明又享有自然的哺育，在这样的环境中即可获得一种谐和的感应，而激发出更高的能量，从而也会创造出更高的效益。

在 21 世纪即将来临之际，我们规划和建设城市应遵循这一模式，使人工与自然、城市与园林和谐融合，结成一体，同存共荣。中国古老的“天人合一”理念，将会给人类带来新的活力。

三、几个例子

就以下几个城市的实例来阐述这一理念。

例一：北京

自元大都（1627 年），经明、清皇朝的兴建，直至 1949 年定为中

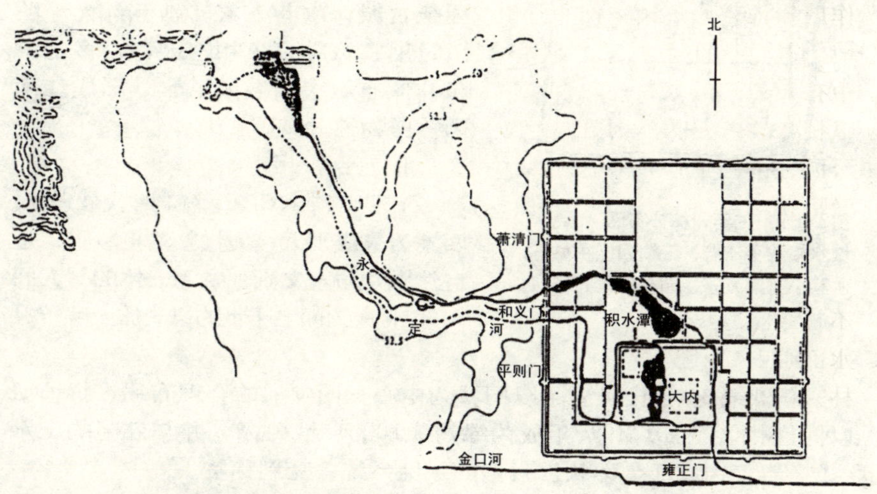

图2—a　元大都北京及其西北郊平面图

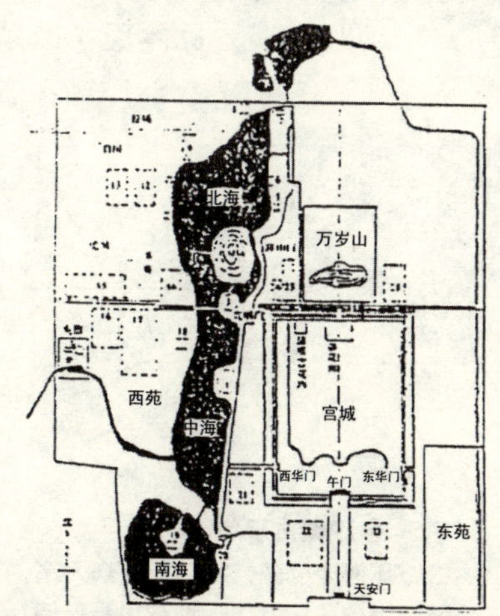

图2—b　明北京皇城的西苑及其他大内御苑分布图

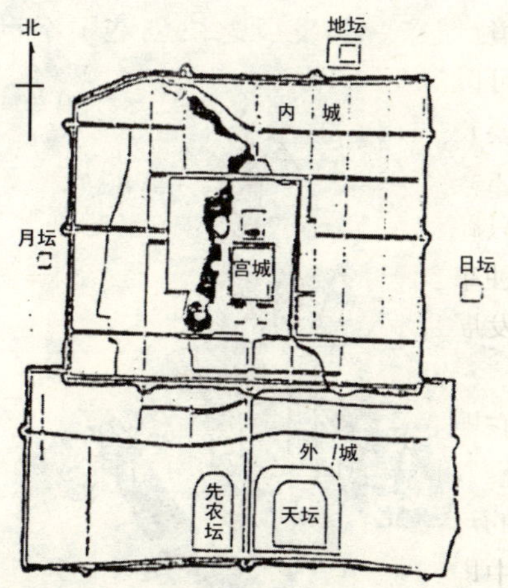

图2—c　明清北京城平面图

自然山水引入城，方整宫墙围成苑。

护河三海绕城垣，天人合一世界颂。

华人民共和国首都，至今 300 多年来，多次改建、发展、扩大，但对城市中的园林一直予以极大的关注，而使该古城不断焕发出青春的活力。

例二：苏州

早在春秋就是吴国都城，已有 2000 多年的历史。在宋平江府时形成了一个完整的城市布局，四周护城河环绕古城，水巷人家，姑苏风光。明清时期官僚绅士争相造园，众多宅第园林散布城中，名园汇聚，形成江南园林博物馆。

例三：杭州

钱塘江畔六朝都，南宋时代最兴旺，西湖美景成于天，历代整治更妆点，是自然风光与人文景观融为一体的“人间天堂”，成为闻名于世的风景旅游城市。

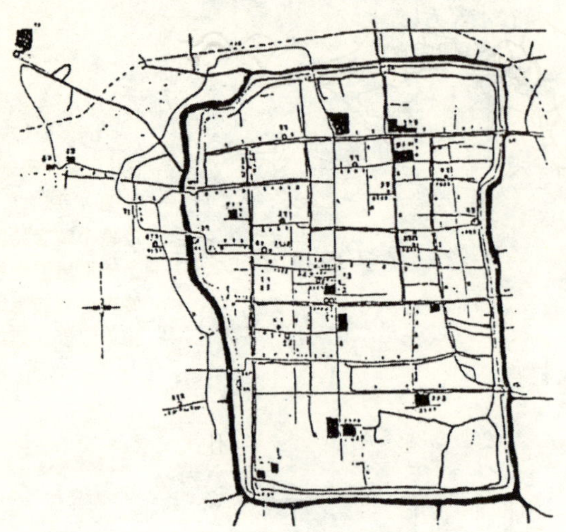

图3　苏州主要园林分布图
城水相依平江府，三横四竖贯姑苏。
水巷小桥连万家，园林佳景布苏城。

例四：合肥

20 世纪 50 年代确立了以旧城为中心三面发展的合理布局，拆掉城墙种上树木，经历 30 余年成为绿树成林的环城公园，并与郊区的山水联成一体，构成一个环状放射形的绿地系统，受到称赞。

例五：深圳

一个落后的边陲小镇经过 10 余年的努力一跃成为超百万人口的现代化城市，其发展之快创造了举世瞩目的“深圳速度”，也体现了改革

图5　合肥城市规划图
古城环河变公园，绿色天地众人享。
城景相楔风扇型，规划布局是佳例。

图4　杭州市总平面图
半边湖山半边城，城景交融紧相依。
西湖美景古今颂，杭州名胜誉全球。

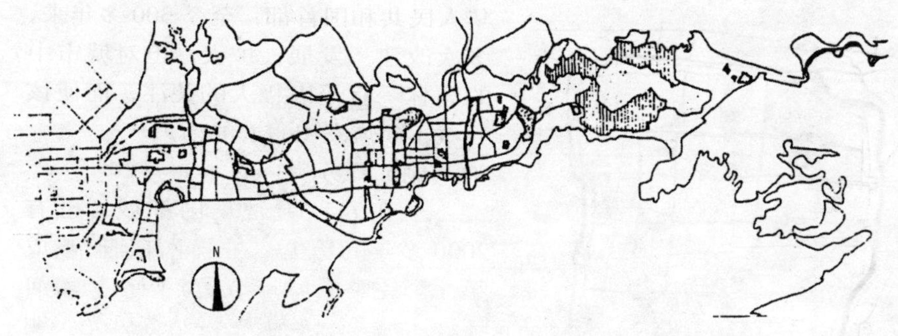

图6　深圳绿地系统规划图
边陲小镇变特区，
十年发展惊世界。
城市分隔成组团，
绿化建设立新功。

开放政策的强大活力。近来又被评为国家“园林城市”，其带状组团式结构布局将会产生长远持久的多种效益。

本文发表于《城市规划汇刊》1995 年第 4 期。

“天尽头”滨海风景资源的保护与开拓

海滨地域生态环境优越，资源丰富，随着人类社会经济文化的发展，海滨资源的价值越发受到重视。胶东半岛东端的“天尽头”（亦称成山头），其特殊的地理位置、优良的自然环境和丰富的风景资源受到人们的关注。改革开放以来，经济发展很快，自然环境变化很大，现正面临着更大规模的开发活动。采用环境规划和生态设计的思想和方法，合理处理经济系统及生态系统与景观系统的相互关系，使其协调发展，使海滨风景资源发挥其综合效益，是目前一项重要的研究课题。

我国有漫长的海岸线，长期以来许多海滨地区尚保存着较原本的自然状态。近几年来，改革开放的形势促进了沿海经济的迅速发展，使海滨地带产生了颇多的变化。随着经济的进一步发展，对原有自然环境将产生更大的影响。面对这一情况，就应该以新的环境规划和生态设计的思想和方法来进行滨海地区的开拓，合理使用土地及其他资源，以发挥其最佳的综合效益。

一、海滨地带的特点

海滨（海岸带）是水圈、大气圈、岩石圈和生物圈的交界处，是陆地和海洋的交接地，具有“两栖性”的特点，它能为生物群落的生长提供丰富的阳光、热量、雨量和风能，而有“黄金海岸”之称。海滨独特的自然条件有利于生物种群的生存和繁衍，其优越的生态环境和资源也为人的生存提供了极佳境地。

人类起源于溪流河旁，并循溪而下渐近海洋以索取更多的资源财富。在此过程中，由于海潮、风浪、海啸等自然现象和灾害的袭击又使人感到畏惧。随着科学技术文化的发展，掌握海洋规律和利用海洋的能力不断增强，人类从捕捞、行舟、晒盐等初级的利用向远程捕捞、海水养殖、远洋运输等高层次方向发展，不断出现港口、工厂和城市，形成人口、经济向沿海聚集的倾向。其美丽的自然景色、天然的海水、阳光和沙滩已成为现代人们所向往的风景旅游资源。

人类的这些活动给滨海地带带来了众多的人工设施和经济繁荣，大量的人流、物流和能流造成的工业污染、过度的捕捞、建设的失控等又使海滨遭受人为的灾害，破坏了原有的自然生态，甚至给人类的生存造成了危害。现代人类逐渐认识到了生态平衡问题，研究采取各种措施以达到保护环境和综合利用的目的。

在海滨资源的综合利用中，以满足人们游憩需要为主要目的，海滨风景资源的开拓已成为现代海滨利用的重要内容，属于高层次的利用。

二、海滨风景资源的构成关系

海滨风景资源是指在海滨地带中，能被人感知的、具有一定美学、科学及环境价值的自然地理和人文现象的总和。

海滨风景资源是一个颇为复杂的系统，不同的学科研究的目的和方法也有不同，以风景资源保护和开拓为目的，可把海滨风景资源系统划分为景观子系统、生态子系统和社会子系统三个子系统。

1. 景观子系统。它是海滨旅游活动的诱因，也是保护和开发的主要对象，由各种自然风光特色、人文历史名胜、民俗乡土人情等可供游览、观赏、娱乐和科研的景物所构成，是风景区规划和旅游开拓的基础。

海滨景观由陆相和海相两种不同基质所构成，并由于其相嵌体的不同而形成多种的地貌和生态景观，潮汐每日每月都有变化，地壳的升降导致海陆的变迁，地理条件的差异又引起景观生态和生物群种的变化，有的属于历史长河的变迁，有的也是指年可见的事实。加之人为的活动，对海滨景观也产生直接或间接的影响，因此在开发中应重视其重要景观的保护，以发挥其持续的效益。

2. 生态子系统。海滨生态子系统是由许多相互关联、依存、制约的生物的和非生物的因素构成的统一整体，它是风景资源的内在构成因素，是本底。它的变化必然会引起景观系统和经济系统相应的变化，有影响和制约的作用。

海滨生态系统虽具有优越的环境条件，但也是十分脆弱的，因此

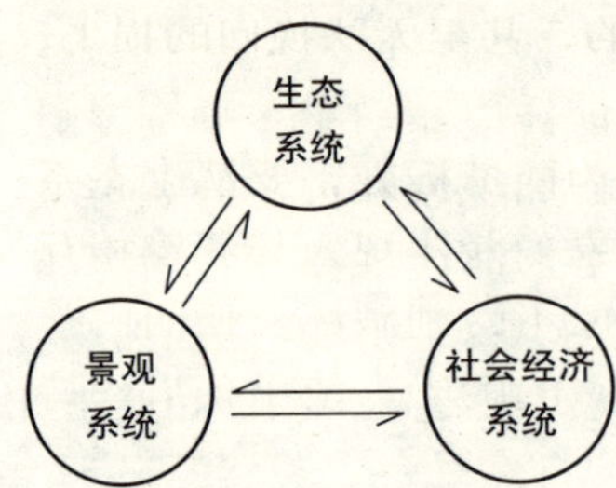

图1　三角形运行模式

必须重视生态系统诸因素相互关系，考虑其调节能力，对其不利因素制定相应的对策，并采取合理导向，使其向有利的稳定的方向发展。目前在国内海滨资源的开发中对生态问题尚缺乏必要的认识，就更显其重要。

3. 社会子系统。社会子系统从人口、经济、文化及管理等方面与海滨风景资源的开发相关联。海滨地区经济的迅速发展对国民经济产生了积极的作用，促进了该地区的繁荣。各项经济、文化活动直接影响到该地域的景观系统和生态系统，因此，应注意该地区工业、农业、渔业以及旅游业的发展过程中对景观和生态带来哪些具体影响，尽量避免失误。

按照三个子系统的相互影响，相互制约的关系可用三角形运行模式来表示，其运行结果可用综合效益指标来表达和衡量（图 1）。

三、海滨风景资源开拓的基本原则

现代环境规划的思想是要使人类的活动与大自然的规律相适应，以防止对自然的破坏、浪费和污染。其规划原则就是按照“自然规律”工作，并着重研究具有特殊价值的地区，对自然系统中最敏感、薄弱的环节、有重要资源的地区禁止开发并采取措施加以保护。对适宜地区应鼓励开发，以发掘其为人们服务的效益，但要适度控制，不应超过其环境生态的承受能力，以发挥其持续的效益。

对海滨的利用和管理有三种意见和方法：（1）保护其原本，排除人类的利用和干扰。由于我国人口众多的现状，往往仅能在有限的范围内采用。（2）通过各种措施彻底改造自然。由于我国目前经济和技术的条件的限制，只能在局部地区进行。（3）顺应自然界的变化规律和过程，对海滨进行软科学管理，这是当今发达国家所推广的方法。将大量信息输入电子计算机，建立海滨的时空模型，编制各种比例的规划图，利用控制论和热力学原理来研究反馈过程中的系统规划，能量、物质和信息的传输，提出对海滨压力的“阀值”以及协调各机构的职责范围等，这些原则和方法在我国尚处于探索阶段，应予以重视和扶植。

随着人们经济文化的提高，人们闲暇时间的增多，对海滨风景资源的价值也不断深化，如何发挥其优势和潜力得到各方面的关注，纷纷认为应改变传统单一的海滨利用方法而向综合利用方面发展。

海滨的综合效益往往涉及生态问题，而生态效益有时是难以用货币计算的，它在空间上不受区划的局限，在时间上往往影响久远，它的得失不是立即可见，而常显现于未来，显示出持久的效益。而有些人往往着眼于近期可见的效益，却导致长期的，甚至无法挽回的损失，应引起重视。

总体效益应以当代人和未来人的总和作为衡量标准，要从生态系统的整体功能和生态平衡理论来分析具体对象，并体现人与环境相互关联的生态规律，从而使海滨的风景资源不仅不受到破坏，反而由于人们的智慧，在开拓的过程中为其增添了有益的因素，使子孙后代持续受益。

四、天尽头海滨风景资源的评价

胶东半岛东端的成山角，横切沧海，山势陡峭，巨浪滔天，自古就有“天尽头”之称誉，并因其特殊的地理位置、优越的自然环境和悠久的历史遗迹而闻名。其山海之胜，礁岬之美，凉爽的气候，丰富的水产，实是旅游、休养和度假之胜地，也是科学考察、专业旅游的好地方。

1. 景观特色。“天尽头”为一突兀之石壁，探身入海，登上岬角，举目而望，波涛汹涌，水天相接，气势雄伟。花岗岩的基体在海浪的冲刷下形成丛丛礁石，散布周围，浪击顽石，声震如雷，颇为壮观，断崖陡壁下的洞穴和窟窿有如鬼斧神工之作。港湾岬石之间镶嵌着数处砂质细软、滩宽坡缓、环境优美的沙滩，令人流连。柳夼村一带的红色古沉积层则是地质史上有研究价值的实物（图2）。

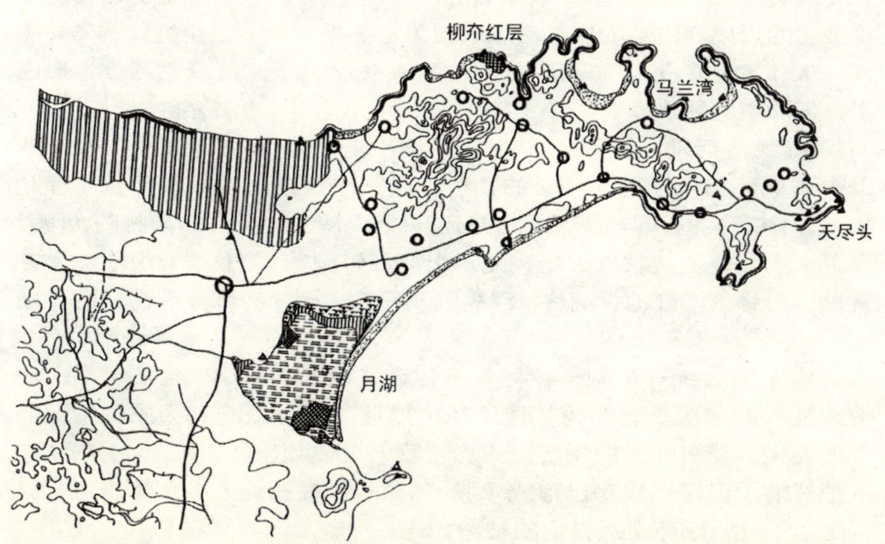

图2　天尽头风景区资源分布图

"天尽头"地区三面临海，受海水热容量和季风影响，形成夏无酷暑、冬无严寒的气候，最热月一般比周围低3℃左右；空气清新，尘埃少，并含有一定数量的碘、臭氧、碳酸钠和负离子，有益于人体健康。良好的气候成为人们避暑、度假、休养的佳地。

据史料记载，秦始皇曾两次登临"天尽头"，一次是"礼祠名山"，一次是寻找长生不老之药，留下历史遗迹和传说。在成山头南峰至今仍屹立着一块绿色碑石——秦代立石，俗称李斯碑。据记载，始皇东游至此，产生地绝天尽之感，遂命丞相李斯书刻"天尽头"和"秦东门"于碑石的正背两面，遗憾的是由于年代久远，历经战乱，碑体已没于海中，现仅存其底部。

该处曾建有秦始皇东游时的始皇宫，汉武帝礼拜日主的日主祠，工程浩大，后几经沧桑，多次重修。现存的始皇庙为清道光六年所建，其东南角有一钟楼，现钟声已失当年雾天导航之作用，但在人们心理上，钟声却与"回归"、"召唤"含义相联系，对海外游子具有特殊意义。

这里的海草顶民居，古朴自然，四合院布局，简洁洗练，入口门罩，自然中有变化，庭院中置以花木盆景，很是引人。渔民粗犷豪放淳朴好客的性格，给人很深印象。

2. 生态环境。该地区气候温和，空气湿润，万物竞生。广阔的海域、曲折的海岸、礁石、滩涂、湖泊等为鱼、虾、参、贝、藻等生物的生长提供了良好的条件，水产特别丰富。

位于海中的海驴岛，由于环境优越，栖息着成千上万的海鸥，成为"海鸥王国"。特别是清明节后，大批海鸥来此做窝、产蛋，繁育后代，更为壮观。白色海鸥盘旋飞翔，构成清新、活泼的图画。

月湖由于气候适宜，饵料丰富，环境静谧等条件，而成为我国纬度最北的天鹅等候鸟的越冬栖息地，为寒冬季节增添了生机。

人工建造的万亩防风沙林带，为海滨加上了一道绿色屏障，形成了良好的生态环境。

3. 经济活动。丰富的水产资源给渔业创造了有利条件，但长期以来该地区仍处于近海捕捞的初级阶段，在经济上农、渔并重。近几年来，不仅渔业有了新的发展，并且开展了水产养殖，饲养对虾、鱼鳗、扇贝、水貂等使其收入大增，显示出滨海资源的实力、"靠海吃海"的特色。而修筑的虾池、貂房、浮筏以及码头、冷库等则成为海滨的"新景"。

由于缺乏统一规划，各村各镇各自修建，已形成"经济繁荣，环境杂乱"的情况。有的为了近期经济效益，破坏景观和生态的情况亦屡屡发生。经济收入的增多（人均年收入普遍超出了万元），引来了新的消费需求，建造住房已形成一股"新潮"，在布局上、形体上应加以规定和指导，以免造成日后的被动。

五、天尽头风景资源的保护与开拓的例介

海滨风景资源的开拓是形势的必然，对于海滨风景资源比较丰富且有特色的"天尽头"地区而言，已初步形成了势头，每年有30余万游人，高峰日达万人以上，压力很大。随着旅游的开展和扩大，人对于海滨自然生态系统的干预也会增强。开拓是为了利用其资源，保护是为了使资源能永续地利用，目的是一致的。关键在于处理好开拓与保护的关系，使海滨的生态系统整体呈现稳定性、有序性，并考虑人为的有益影响，使其生态景观不断地从低层次向较高层次发展，逐步建立新的结构模式，各系统之间能和谐地发展。

依照开拓的基本原则和"天尽头"风景资源的具体情况，分别采取保护、调整、控制、开拓等多方面的方法和手段来加以体现。

例一：海驴岛应保护其自然生态，不加任何人为干扰。海驴岛是面积仅一千多平方米的悬岩小岛，离陆岸约2公里，晴日遥遥相望。由于其特有的自然环境，成为海鸥生活的天堂，是颇有特色的景观（图3）。

曾有人建议开辟旅游线登岛游览，如是，人的登岛观光产生的干扰可能造成难以挽回的生态破坏，因此应仅让游人在船上环岛而望，以饱眼福，并在陆岸上建眺望台，设望远镜供人观察海鸥王国的奇妙。

例二：建立"柳夼红层"自然保护区，为地质科研和科普服务。

在北岸柳夼村一带分布有第四纪红色沉淀层的露头，由于其形成对海平面的变动、新构造运动以及第四纪地层的研究等有重要意义，而有"柳夼红层"之称。

该地段现为一荒芜的小丘，并被农田垦殖，一般无人知晓其科学价值，应划定范围予以保护，并立牌加以介绍，发挥其特有的作用。

例三：成山林场遏止了土地的沙化，创造了良好的生态环境，要宣传提倡。

北部滨海多为沙质平原，北风的袭击下，使滨海沙砾岸线向南推移，吞噬了农田、村庄，危害极大。1959年建立了人工防护林，经30多年的抚育，现已形成一长8公里，宽2公里的林带，昔日的荒沙地成了万亩林海，林区内农田阡陌，果园成片，作物兴旺，林带里草茂花香，松鼠跳跃，野兔穿梭，鸟鸣不绝，生机盎然。而在林带外缘海滩上则堆起沙丘，成为天然的沙石资源。

现林地几乎全为地域的优势树种——黑松，从生态的稳定和景观

图3 海驴岛

丰富性的要求来看，可试种赤松、落叶松、合欢或水杉等适宜的树种，并保护其自然演替以形成多品种的林业结构，使其形成更高层次的生态环境。

林可毁，亦可植。林毁，则水土流失，石露土旱；林茂，则水丰土润，植物兴旺，动物栖息，形成良好的生态系统和优美的景观基础，因此要大力推广滨海植林。

例四：在马兰湾建养貂场是一失误，应引以为戒。

马兰湾为一优美的海湾，东西有山丘伸入海中，呈环抱之势，背有林地为屏，湾内风和浪平，滩缓沙软、水清海碧，是块优良的海滨浴场和游憩地。在 1987 年发展养貂的热潮中，乡镇在该地修建了一大片养貂房，腥臭的鱼虾、黑浊的污水破坏了优美的海湾环境。当时的养貂获取了一点经济效益（现因养貂效益不高已废弃），却留下了一片杂乱的棚舍、污染的沙滩，其环境的损失又何以能相补呢？当时曾有人反对，有人建议另建它处，但在养貂热潮中未被采纳，花了不少投资，建起了大片棚舍，美丽的海湾被破坏了，造成的损失，该由谁负责呢？

例五：控制采石运沙，保护自然景观，发挥更高效益。

成山头的花岗岩是优质石料，马兰湾的沙滩是优质石英砂，这些建材资源不需多少投资即可获得经济效益，在有关经济发展中把采石运砂作为生产致富的项目列入了计划。在这种初级经济观念的影响下，有些山体被炸得千疮百孔，给人一种破烂的感觉，美丽的沙滩被挖得坑坑洼洼，大煞风景。“天尽头”是自然的造化，将为世代人所享有，如果按石料价值来衡量，岂不是一大笑话。又如果把马兰湾的沙层挖去，留下沙砾，则将失去其浴场休憩地的价值，岂不是重蹈烟台海滨开发中的教训吗？

石料和石英砂不是不可采，而是要选择适当地点，通过规划加以确定，并控制其形态，而成为日后的一景，我们先人在采石后留下“绍兴东湖”之景就是一佳例。

例六：月湖“天鹅湖”生态系统破坏原因与改善措施。

月湖为一由沙坝围成的泻湖，约 5 平方公里，自然环境优越，生物资源丰富，参的饵料大叶藻生长茂盛，此处盛产海参，有“参库”之称。另海鸥、野鸭等水禽众多。特别是大批天鹅等候鸟来此过冬，更增添了生趣。近几年来，由于人为干扰，使其生态环境产生不良影响。具体反映在：

1. 不合理的筑坝，破坏了水体交换。1976 年为了养殖海参，防止幼参流出，在海通道处筑了坝，使湖水与海水交换受阻，湖水 pH 值大于外海，大叶藻连根脱落，海参等大量死亡，并使冬季冰层加厚，天鹅等水禽难以觅食。1981 年虽增建闸门，未见成效，虽于 1985 年炸掉大坝，但由于坝基清理不够，其情况未得到真正改善。

2. 设置养殖场，缩小了湖面。1986 年在湖中揽堤建养虾场，但因水质欠佳年年亏损，同时减少了天鹅的栖息面积，加之堤边人员活动，使天鹅等水禽大幅度减少。

3. 湖水受污染，破坏了水质。月湖附近的化肥厂、电镀厂和水产仓库的污水未予合格处理即排入湖体，造成铅超标，有机质高，破坏了原有水体的生态。

另外，邻湖垦田、猎捕水禽、人口增加等都对月湖的生态系统产生了不良影响。这个沙坝泻湖如果不善加保护在人为不恰当的干扰下很快就会消失。

把以上因素归纳起来，可以得出月湖生态系统的影响线（图 4）。

根据月湖的资源和环境特点，应建立生态保护、发展生产、旅游开发和科研教育四位一体，社会效益和经济效益兼顾的综合规划。

提高水质是改善月湖生态系统的决定因素。要彻底清除坝基，保证湖水与海水的对流交换，周围工厂企业污水必须要经处理达到合格后才能排入，以维持水体的净度并降低盐度。

在湖边要提高植被覆盖率，退耕还林，以防陆地向湖扩展和泥沙

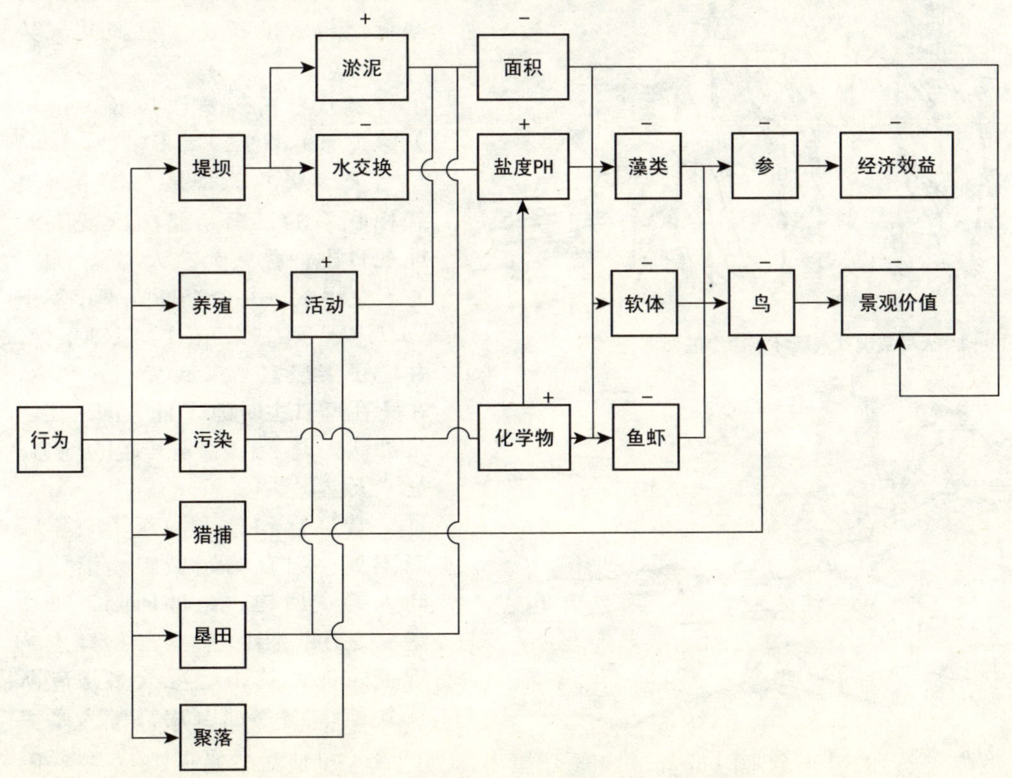

图4　月湖生态系统的影响线

的流入。

废除人工虾池的堤坝，恢复月湖盛产海参的特色。

通过保护和改进的措施，将会引来更多的天鹅来此越冬，它将成为冬季风景旅游的重要景物，建议采用隐蔽墙、地壕，配置相应的观察设施和大片树林等方式使人的活动不致干扰天鹅的栖息。

对泻湖的演变、天鹅等动植物的生态系统的研究应设置一些观察点，并设置相应的资料予以介绍，寓科普教育于旅游之中。

例七：“天尽头”的游路和碑石属建设性破坏，争取加以挽救。

“天尽头”为半岛伸入海中的一块岬角石壁，气势雄伟壮观，自古有“天尽地无尽，沧海一望惊”的赞句，引来四方游客。1984 年当地乡民为了满足众多游人登上“天尽头”一览沧海风光的愿望，特集资在该岩脊上修建了一条 2 米宽的游览步道，按阶道坡度凿低填实，并将胡耀邦同志题写的“天尽头”制成碑石立于顶端平台上，成为一“新景”。这些阶石、栏杆、碑石改变了原有悬崖岬石的自然形态，加之游人又能较平顺地抵达该平台，削弱了其雄伟险峻的感受。建议游路应从较低处沿岩石背面盘折而上，经过一番努力逐步登顶，达到豁然开朗之效。而“天尽头”三字改刻于岩壁上，以保存其悬壁自然雄浑的轮廓，更显其气势（图 5）。

图5–a　天尽头现状（破坏了原本的形体）

图5–b　恢复天尽头的自然形态

例八：再现秦汉风貌，追溯天尽头历史渊源，增添新景。

天尽头的称誉是与秦皇、汉武相联系的，秦始皇两次登临此地观日出，称其为“天境”，即东方天之尽头，并命李斯立碑，写上“天尽头”和“秦东门”，以颂秦德，并建了秦皇宫。汉武帝不甘其后，在此礼拜日主时建了日主祠。在当时都认为是太阳最先升起的地方，是“天之尽头”。

秦皇宫和日主祠两千余年毁而不复。现有的始皇庙为清代一商人筹资所建，条件所限，难现秦汉之风。当时秦皇宫和日主祠规模宏伟，其用地现大多被部队及其他单位分别占用，游人慕名而来，却难寻其故址，甚感遗憾。

现要重建秦皇宫和日主祠已不可能，可迁走单位利用故址建一祭日台，并将秦汉有关碑石加以再现，以显示天尽头的特色和秦汉的历史风貌，达到以题点景，以景点题之效，既成为游人观东海日出之处，也供人追溯历史的渊源，当属添景之作。

本文发表于《小城市规划》，天津建筑工程出版社出版，1997 年。

上海浦江两岸的滨江环境

上海位于太平洋的西岸长江的出口处，以其区位优势，随着经济的发展和开放，将成为现代化的园际大都市。其沿浦江两岸的地段（约2公里左右）将成为国际性的经济、金融、贸易中心之一，因此该地段的规划和建设在上海的发展中占有重要地位，而其滨江的绿化则是反映该地段现代化水平的重要组成部分。

一、外滩的历史发展

今日繁华的外滩曾是外国的租界区，早期仅是一条泥泞的纤道，后修建了道路、码头以及一些建筑，经过百年的发展逐步形成汇聚有多国金融、贸易的繁荣地段。具有各国特色的建筑群已成为上海的历史建筑保护区。建国以后，曾作了多次改建，其中之一是修建了约1200米的滨江绿带，改变了原来以码头航运为主的格局，为上海人民提供了一个游憩赏景的好去处，受到公众的喜爱，由临江绿带、外滩建筑群及黄浦江所共同构成的城市景观，多年来已成为上海的象征之一。

但随着城市的发展，20世纪80年代的外滩已不能适应形势的需要了。其一是由于上海地面的下沉。在大潮汛期，江水常溢过防汛墙（标高5.8米），使外滩及其周围变成汪洋一片，给城市带来了危害；其二，原有中山东一路的路幅已无法适应日趋增加的交通需要；其三，外滩原有的绿化带面积（仅0.57平方公里）及其布局已难以满足每日约10

万人的观光需要，与上海这样大的城市难以相称；其四，拥挤和缓慢的车流也使人很难穿越马路临江观赏了。因此到了20世纪90年代，外滩的改造工程就被列为上海市重点工程项目，经过一年多的努力即建成，成为上海的新景了。

二、外滩的改造和效果

黄浦江是上海城市发展的依托，也是上海的象征。在外滩的改造工程中除了解决防汛、交通以外，如何创造一个新的环境，使人们更方便地感受绿与水的自然因素，也是改造工程的重要原则。

针对上述要求，在外滩的改建中将防汛墙外移以增大车道，提高防汛墙高度，以满足防汛的高标准要求，并采用了厢式结构作为防汛墙体，也为商业服务及停车库等提供了空间。同时，为公众接近水体创造了更好的条件，在厢廊式结构的顶部（6.9米标高处）有10～20米宽的人行步道，人们可以西顾“万国建筑博览会”之壮丽景色，东瞻浦江日夜繁忙的航运景象和东方明珠电视塔及正在兴起的幢幢高楼，由于改建工程增大了人、车的活动空间，开阔了视野，丰富了活动内容，显示了上海作为一个国际性大都市所具有的开阔胸襟和气度，受到公众的好评，为上海增添了新景。

但由于防汛墙的提高（由原来的5.8米增高至6.9米）这一实体的存在，却在视觉上阻隔了城市空间与水的联系，无论是从通向外滩的南京路、福州路还是在中山东一路上，人们都无法感受到黄浦江的存在，体会不到“外滩”（Bund）这两个字的含义，而需要通过3米高的台阶走到厢顶平台才能见到滚滚的江水，故而令人感到封闭。

另者，由于防汛墙按千年一遇的防汛标准来考虑，使其标高达6.9米，但平时的浦江常水位却在3米左右，因此人站在厢廊平台上，通常存在有4米以上的高差，人在这样的高度垂直俯瞰江水，是难以有亲水感觉的。

再说，在绿化面积上虽比原来有所增加，但大多在厢廊顶上，其覆土仅30～40米，只能种植一些花草或灌木，而缺少成荫的大树，其绿化效果不明显，也使外滩建筑群失去了进行尺度对比的厚实的绿色前景，从江中或浦东看外滩建筑，其形象也不完整，给传统的外滩风貌造成了一定损害。

三、浦江滨江大道（东外滩）的构思

有人说过“浦东陆家嘴如同一个舞台，而浦西则是观众席”，那么浦东滨江道则是这一舞台的一条绿色镶边，除了烘托陆家嘴这一舞台

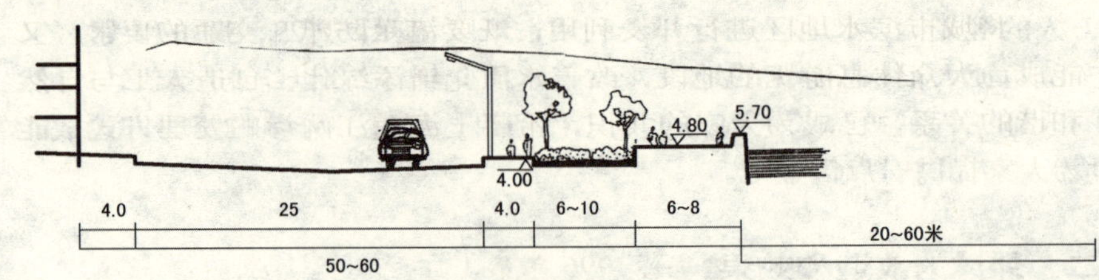

图1　1990年以前的外滩断面

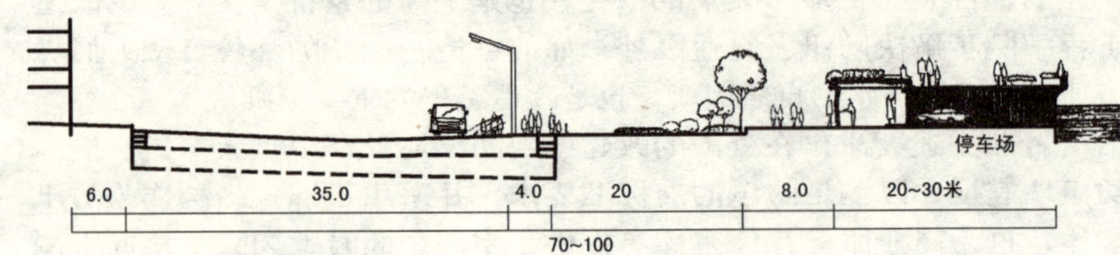

图2　1992年以后的外滩断面

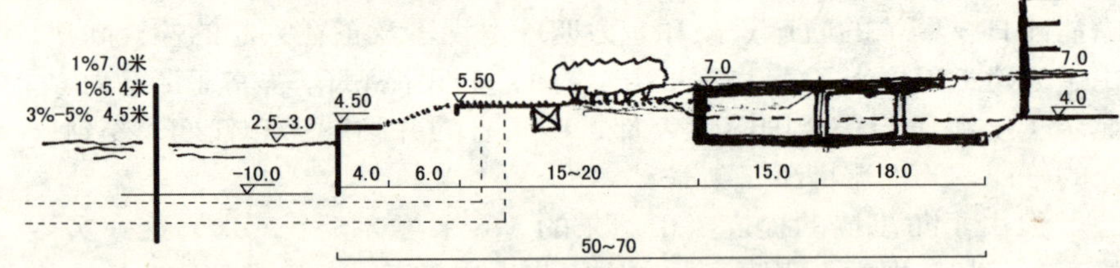

图3　规划东外滩断面（现已建设）

所展示的东方明珠电视塔及高层建筑群外，其本身还应加强浦江两岸的联系，共同构成上海滨江区的新貌。

1．应为公众创造尽可能多的绿化用地和接近水面的便利条件。由于滨江道已定规划红线仅50米，乃将防汛堤、游览步道、车行道和绿化采用综合立体的布置方式，把车行道设在防汛堤下半敞开的厢廊内，这样就形成了一个绿化步道体系，游人既可濒临江边，亦可与堤内的建筑直接相连，步行者可以自由自在地游览观赏，而不会受到车行交通的干扰和威胁。

2．整个50米宽的滨江地段做成一个斜坡，按水位的变化情况，分别在标高4.5米、5.8米和7.0米设置了三条平行的游步道，这样人们可按不同的水位高度满足其亲水愿望，又可提供不同的视角感觉，更为亲切、丰富。

3．在这个防汛堤的斜面上，除了步道和一些休息设施外，全部以绿化覆盖，不仅加大了绿地面积，并且使建筑物与水体之间有一个和缓的过渡，大片的绿化也使建筑物有了良好的烘托，可以构成更美的景色，这条绿色镶带也更为秀美，可以构成具有现代特征的新景观。

将城市滨水地区进行开发利用，既要满足防汛、交通的要求，又能成为大众休息游览的地段，改善水质、增添绿化、创造人工与自然和谐的关系，已成为大家的共识，希望上海浦江两岸的处理方式，能为大家提供一点借鉴吧。

本文发表于《时代建筑》1996 年第 1 期。

广东内伶仃自然保护区生态旅游规划

一、概述

内伶仃岛位于珠江口，由于特殊的时空因素，该岛受人为干扰少，保持着较好的自然环境，1988年被国务院公布为“内伶仃——福田自然保护区”，列入国家级森林和野生动物类型的自然保护区。全岛面积4.83平方公里，现有国家二级保护动物猕猴10群250余只，并以沙滩、阳光、植被见长，其自然环境和风景资源颇为突出。

内伶仃岛距蛇口、香港、澳门、珠海5～16海里（图1），目前乘游艇仅需30～60分钟，如采用更先进工具，其时间还可缩短一半，如此短时间内由繁嚣的城市到达一个安宁有特色的“世外桃源”，实是难得，因此开发内伶仃岛，其旅游的时空效益颇为明显。

1．自然资源优势

阳光（Sun）、海水（Sea）、沙滩（Sand）简称3S，是20世纪60年代国际盛行的旅游趋势。后来又提倡回归大自然，流行“森林浴”，是人们对纯净、新鲜的空气和宜人的气候的向往和追求的体现。

内伶仃岛有良好的沙滩和一定的海水浴容量，水好、坡缓、沙软、向阳，尤其是植被茂密，空气洁净，远离尘世喧嚣，加上内伶仃岛丰富的野生动物，更使该岛增添了自然野趣。

如适当加以人工措施，使动物与人处于正常、融合的关系，掌握生态关系，以生态技术促成新的生态平衡，如引入鸟类、爬行类、哺

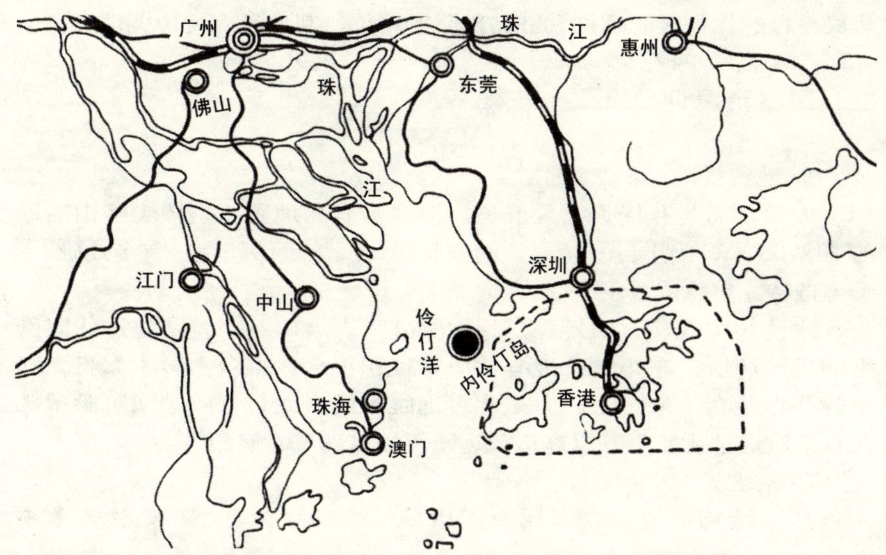

图1　内伶仃岛的位置

乳类动物，增加果木，改良和丰富森林结构，该岛将可发展成为动植物的天堂，人与生灵共存共荣的“伊甸园”。

2．经济地理优势

在经济发达地区，旅游度假、接触自然以调节身心，滋养活力、陶冶情操已成为人们闲暇时间的重要内容。旅游业已成为世界性的产业，我国旅游事业发展很快，深圳是我国的南方大门，1993 年接待了国内外游客超出 600 万人次，其中国际游客 20.4 万，港澳台同胞超出 100 万，带来了颇丰的旅游效益。深圳市居民经济收入和消费水平居全国之首，加之附近珠江三角洲城乡居民收入较高，交通便捷，在闲暇时间希望寻找理想的去处，而内伶仃岛优异的自然风景资源具有相当的吸引力。

港澳同胞来此方便，特别是香港、澳门回归祖国以后，更将成为其度假游息之佳地。

3．不利因素

（1）作为国家级自然保护区，有许多生态、环境、管理方面的制约，给开发、经营带来一定的复杂性。

（2）全岛面积 4.83 平方公里，范围不大。淡水资源有限，将是一个主要的容量卡口，制约着旅游的大规模发展。

（3）航运交通受气候条件制约较大，在台风频繁地区是一个较大的问题。

（4）现有电力、电信设施建设条件较差，要改善，需有较大的投资。

（5）该岛目前行政管辖和土地使用关系比较复杂，有深圳蛇口的居民、自然保护区管理站和驻岛部队等单位，其关系有待协调理顺。

二、风景资源评价

1. 地貌景观

内伶仃岛是花岗岩、片麻岩、海岸基岩岛地貌。主峰尖峰山高程为348.06米，山上巨石耸立，峭壁悬崖，气势雄伟壮观，有多处礁石，形态奇特，自然成景。

水湾树木茂密，腹地深广，地势宜人，坡向朝南，是建造休假别墅的极好场所，东角嘴营地有几级坡残积平台。平台上林木繁盛，其中数棵直径在1米以上。向东北可远眺香港、蛇口；向东南可眺望珠江口主航道过往船只，以高倍望远镜可极目珠海、澳门。

2. 植被景观

岛上植物资源丰富，属南亚热带常绿季雨林类型，植被覆盖率80%以上。据初查岛上有植物400多种，乔木、林间藤本植物十分丰富，可作猕猴食料的植物有39科90种，十分有利于猴群的生存和繁衍。

岛上荔枝树均有两百多年历史。每到收获季节，果实累累，压弯枝头，果红叶绿，煞是美景，且特别香甜可口。

由于自然的神奇造化形成了很多奇异的植物景观。百年古树、盘根错节，高耸入云，已有三百年历史。四人围抱的老榕树，枝干横空伸出，下挂满气根，远望如山峰，近望如密林。另外，还可见到不少稀奇树木，有的相互缠绕，并为一体，称祖孙树、父子树。山间有片铁树林，铁树和榕树等根出一处，共同生长，亲密无间。

有的树长于石缝中，随着树木的不断长大，把巨型石块一劈为二，形成树劈石景观；也有树根缠绕石块，将石团团围绕形成树抱石、猴子攀岩等景观。

3. 动物景观

岛上动物种类较多，现有国家二类珍稀动物“猕猴”10群250余只，猴子在伶仃岛的生存历史起码在三百年以上。现猴场对2～3群猕猴进行定时喂养，总数约60只。每至喂食时，随唤呼声，很远可见猕猴或攀吊于枝头，或飞跃于树间来回嬉闹，逗人喜爱。每一猴群有一猴王，并各有其领地，互不相犯。

春夏之际，漫山遍野的彩蝶飞舞，在山间林中前呼后拥，又成一景。据有关专家称，此岛之蝴蝶在种类和数量上均可与台湾蝴蝶谷相媲美。

另外，岛上蟒蛇、鹿、龟、穿山甲等均是潜在的动物景观，尚待进一步探明和发掘。

4. 气候资源

内伶仃岛属亚热带海洋季风气候。岛上空气清新，惠风和畅，日照充足，雨量充沛。

平均年降雨 1926.7 毫米，其中 4～9 月雨量占全年雨量的 85%。太阳辐射强，7 月份平均太阳辐射量高达 12804.2 卡平方厘米。4 ～10 月份充沛的降水与日照强度和时数的高峰大体一致，给本岛发展旅游带来了极为有利的水资源和太阳浴条件。如以深圳与汕头、厦门相比较，深圳气候较优。内伶仃岛和深圳市区相比，由于四周为海水包围的一个孤岛，加上植被繁茂，7 月平均气温将比市区低 1～3℃，1 月平均气温又比市区高 1℃。夏季闷热天的夜间，可比市区低 6～8℃，对北方来说，则是一个避冬的好去处。

岛上空气十分清新。森林和海水所产生的芳香消毒剂和大量空气负离子，对健康十分有益，它是现代旅游“森林浴”的主要动因；加上充足的紫外线辐射，岛上空气清净程度、飘尘指数和空气含菌量与市区相比，都有明显的改善。

综上所述，由于有利的地理位置和良好的植物条件，内伶仃岛的气候资源，在我国南部沿海一带颇为突出。

5. 海滩资源

岛上有可作海滨浴场的沙滩 4.45 平方米，为石英中粗沙，是较理想的海滨浴场沙滩。

南湾、水湾均是优质海滨浴场，同时也是进行沙滩运动的理想场所。南海腹地面积大、坡度平坦，适于建造果林、观赏林，大面积陆上活动和旅馆等服务设施。水湾环境幽静，尺度宜人，适于建造高级度假别墅。东南区浅海域，珠江带来的水生植物所需的淡水和营养物质，以及那儿的海水深度和泥沙质海涂适于捕捞作业，对航线和景观无明显影响，具备开辟外向型水产养殖基地的良好条件。

6. 人文景观资源

南宋末文天祥（1278 年）“伶仃洋里叹伶仃”据说正是在经过内伶仃岛时所作。其中“人生自古谁无死，留取丹心照汗青。”的诗句，反映了文天祥那忧国忧民精诚报国的拳拳之心，给后人留下宝贵的精神财富。

鸦片战争前后，伶仃岛为英商走私鸦片的中转站，设有仓库囤积鸦片。攻打虎门的英国侵略军也曾驻扎于此。有杀害当地群众的“人石”，有死亡英军的基地、墓碑，也有群众抗英的“断肠井”，还多次出土过英式枪支，在一些石壁上，不时可见到英文字母，都是外国侵略者的罪证。

抗日战争前，在南湾，曾设有海关机构。“九龙海关地界”的石碑就在这里发现的。日军也曾占领过伶仃岛，并在南湾榕树上严刑拷打吊死过抗日志士，至今主干仍留有烧黑的木质和弹痕。自 1950 年 4 月该岛解放以后，长期来成为军事前哨，修建了许多坑道碉堡，至今犹在。

三、性质与规划原则

1. 性质

内伶仃岛既是国家自然保护区，也是南亚热带海岛型风景旅游胜地，既以动植物资源保护为主，又兼备科学研究、科普教育、海上运动、观光度假、美食等多功能。物种资源保护以猕猴、鸟类、爬行动物及其生态环境为特色；科研以繁殖驯养、动物表演为特色；旅游以海水浴、日光浴、森林浴为特色；生产以海水养殖业、水果生产和猕猴繁殖出口为特色。

2. 规划原则

（1）严格保护和开发并举，协调经济目标与人类永续利用目标的关系，实现积极保护。

（2）基本建设和文明建设并举，协调经济、环境、生态目标与科研、管理、审美、服务等社会目标的关系。

（3）保护和开发面向高标准，面向世界水平和21世纪的要求。

3. 规划目标

（1）“保护和发展现有的猕猴种群等珍稀动植物资源”，建立科研基地、“有限制地开展小型的旅游观赏活动”。

（2）发挥自然生态景观的优势，建立一个环境优异，服务设施完善，特色鲜明、具有国际水平的海岛型旅游胜地。

（3）创造人与动物、植物接触、同生共荣的环境，教育和改变残杀动物、破坏森林的人类悲剧，形成宣传认识自然，保护生态的场所。

四、旅游景点及线路规划

1. 旅游景点

开展生态旅游除了有令人满意的生态环境外，还应把一些有特色的景点加以强化，以使游客有更丰满的感受。

内伶仃岛设十二景。其中以动物景观为主的有“猕猴王国”、“动物乐园”，以植物景观为主的有“东湾荔园”、“东角奇树”，以“三浴”为主的有“南湾戏海”、“水湾幽居”，以地质地貌景观为主的有“二鲸畅游”、“双龟探山”，以风景观光游览为主的有“极目东海”、“环岛探野”，以名胜怀古为主的有“伶仃怀古”、“迷宫探胜”（图2）。

（1）猕猴王国

猕猴天生灵性，并以机敏、好学、爱模仿人而逗人喜爱。构想在猴场一带辟建养猴试验区。在区内增植猴子爱好的果木林和嬉水、饮水池塘，并设定点饲养场。选择合宜位置建游客观赏场地，可与猴接

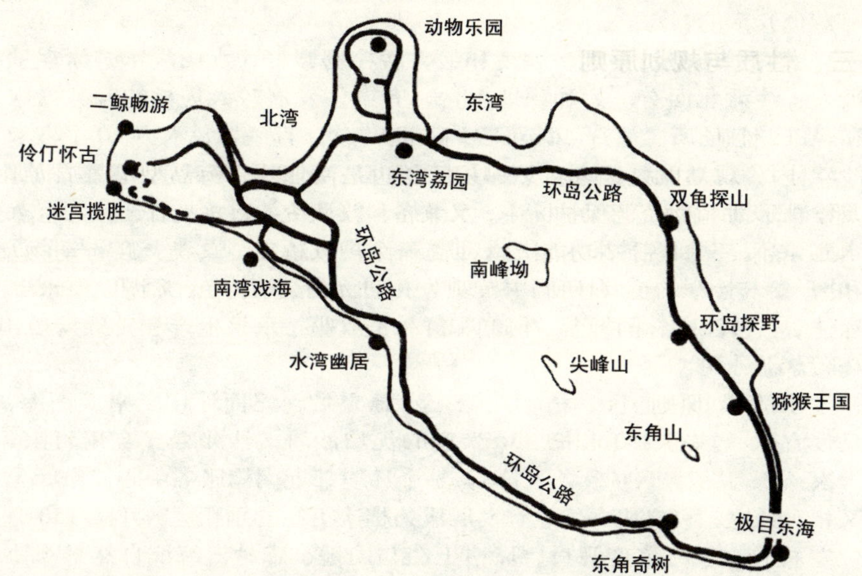

图2 内伶仃岛自然保护区景点示意图

触交往并建风格简朴、位置隐蔽的观察亭，内设无线电信号跟踪接收器、定向仪、高倍望远镜、长焦摄影摄像机和红外线夜视望远镜等设备，供科学研究和旅游科普、观光之用。

（2）动物乐园

在东背山建实验区，圈养和野生放养结合，形成蟒蛇、龟、穿山甲等爬行动物区，放养少量猕猴和鹿，以人工手段在林中以鸟饵吸引鸟类，形成各种动物汇集的动物天堂，再利用石壁建动物表演馆。可以岩洞、人造岩洞、钢结构和大玻璃等筹建一个具有现代饲养、表演、参观为一体，又在体量和风格上融于自然山体和林间的动物展区，经营方式宜强调人与蛇、龟、鹿、猴的直接接触或进行近距离动物表演，并建小型自然博物馆宣传人与自然的关系，介绍各类动植物的生态环境，寓教于游之中。

（3）东湾荔园

东湾现有几十株两百年树龄的大荔枝树，树冠宽大，姿态祥和，果味鲜美。收获时节，荔满枝头，树荫下纳凉消夏，尝鲜听涛，自成风景。规划整理、修建必要的服务设施、游息场地和野营帐篷，并在其东侧大片苗圃交界处，增设香蕉、龙眼、菠萝、芒果等果林，既是生产又为荔园提供了良好的环境和旅游发展用地，并增加了全岛的林地面积。

（4）东角奇树

东角嘴有数棵大榕树，另有些树树共生、树石相抱、树劈巨石等奇景，通过规划设计，可使之既成一景又可成为沿途歇憩、纳凉的良好环境。

(5) 南湾戏海

南湾沙滩整洁平坦，坡度和缓，沙粒磨圆好，水面浅水游泳容量很大。沙滩北面有一片冲积地平台，有条件发展较大规模的服务设施和娱乐游息场所。该片沙滩可容纳4000人次/日（按每人占10平方米沙滩计）。规划设想在该区设浴场、钓鱼场、烧烤区、野营地、淡水泳池，并建娱乐性水池，“与鱼同游”、水滑梯、波浪泳池、水上茶座、儿童戏水池等等。发展各种果木园地，创造一个规模适宜、噪声少、风格简朴和谐、参与性强的度假场所，并充分发掘日光浴、海水浴、淡水特色泳池、森林浴、沙滩和林间野营、海鲜和鲜果美食等特色。

(6) 水湾幽居

水湾紧邻核心区，植物茂密，水源充足，三面环山，南面面海，尺度宜人，前有250米长、30米宽的优质沙滩，沙滩合宜容量为450人次/日（以25平方米/人计），整个环境邻近南湾服务中心，空间上又相对独立，可自成一体，宜发展成为档次更高的别墅区，建成150床位左右的高级海滨度假村。风格上在与山地、森林、海滨自然景观协调的原则下，可发展各国各民族的多种特色情调别墅。

(7) 二鲸畅游

自东背坳向北湾方向看牛利角的两个山嘴，有“二鲸畅游大海”的意趣，可在此设观景（或亭），一则可形成“动物乐园”的尽端收头，二则也是游客进入北湾这一自然门户时所“泄景”，隐隐楚楚，引人入胜。

(8) 双龟探山

蕉杭湾以北两块礁石，似两只海龟，出海远归来。拟选定合宜视点和环境，设小型游憩、摄影点。

(9) 极目东海

东角嘴有一片缓冲区，现为丢弃的部队营地、坑道。数棵大榕树，枝干粗壮，气根发达，几棵孤树成林，既是观赏之景点，也是歇息纳凉、远眺香港、观东海日出之极好地点。附近浅海海域可发展海水养殖，此区域设想发展以树景、海景、渔业生产基地为主。

(10) 环岛探野

规划改建环岛公路，设单向电瓶车环岛旅游线，沿绕核心区可将旅客带至“双龟探岸”、“极目东海”、“黑沙湾”、“水海”、“南湾”等集散点。沿线可一边观赏北向、东向、南向的海景，一边穿林过岗，领略自然保护区的神秘气氛和观赏自然的野生动物、野生植物。

(11) 伶仃怀古

牛利角山顶为深圳机场导航站。牛利角山顶东南山坡建山道，与通往其山顶的道路相接。在山坡建摩岩雕区，塑文天祥等仁人志士石像和摩岩石壁，建伶仃阁廊，设休息台和高倍望远镜。全区以文天祥的著名诗篇《过伶仃洋》为主题，突出“人生自古谁无死，留取丹心照汗青”

的诗句。登伶仃阁眺望伶仃洋，使人追忆其当年山河破碎，惶恐伶仃的气氛和仁人志士精忠报国的悲壮气氛，感受今日大好山河统一的不易，美好生活的可贵。其建筑风格以古朴、淡泊、深沉为基调。

（12）迷宫览胜

牛利角坑道为20世纪50年代军事需要所建，今已废弃，可改为旅游之用。该坑道曲折迷离，方向难辨，气氛神秘幽深。可与“伶仃怀古”景点的游线结合，发展以山洞、灯光、电子技术和文化信息为主的山洞游览项目。

2. 旅游线路

道路：以原道路骨架为基础，按游览需要增建部分游览道。原有通入核心区的所有步行道和车行道则全部封闭，未经特殊许可，不得入内。岛上游览、供应和工作交通均以电瓶车为主，以减少空气、噪声的污染。

停车广场以条石铺地为主，并尽可能利用乔木枝下的高度和电瓶车的低矮特点，进行停车场林荫化设计。

由深圳、珠海、香港、澳门组织内伶仃岛一日游，包括游览“十二景”和参与“三浴”及其他运动、娱乐、美食等项目。

其中核心区外侧的环山旅游以电瓶车顺时针单向游览，沿线包括“动物乐园”、“二鲸畅游”、“猕猴王国”、“双龟探山”、“东角奇树”、“极目东海”、“环岛探野”、“水湾幽居”、“南湾戏海”旅游中心。另一条游线由北湾码头至牛利角回到“南湾戏海”，途中可经西海观日落、“伶仃怀古”、“迷宫览胜”、垂钓、野营烧烤等活动项目。

部分留宿游客可以电瓶车和步行结合，以东湾、水湾、南湾为基地，自行择时择点进行旅游观光和娱乐游憩活动。

五、保护区划分及保护措施

1. 原则

以猕猴保护、生态保护要求和自然生态景观要求为主要依据，按林相结构、地形地貌、动物和人的活动范围、现状条件等，划分不同等级的保护区。开发的幅度严格控制在生态保护、物种保护和自然生态景观保护的要求之内。

2. 一级保护区（与核心区相当）面积297公顷

该保护区的植被属南亚热带常绿阔叶林和灌木丛林，是猕猴等珍稀动物的主要生存场所。以尖峰山为中心，位于该岛的中、东部，面积297公顷，占全岛面积的61.5%，由于保护区内物种丰富、集中，地域联片，生态系统较完整，有较丰富的动物饲料种类，因此有适宜猕猴生长栖息的空间和物质条件，外围又有较好的缓冲地带，在开发旅游的同时能保护好猕猴的生长条件。

该区属绝对保护，不得有外界干扰，以保持其自然生息，只供经批准的科研人员进入本区进行科研观测活动。区内严禁狩猎、放牧、砍伐、挖沙采石、采摘野果药材菌类，严禁改变和破坏巢、卵、洞、穴，以确保动植物在自然状态下正常生息繁衍和发展。严禁建造与饲养、科学研究无直接关系的种种设施。

3. 二级保护区（缓冲区）面积50公顷

缓冲区位于核心区周围，是防止核心区受到外界影响和破坏，起一定缓冲使用的地段，该区域可根据实际情况发展某些试验性、生产性用地和适度开发旅游，但原则上应以不破坏其群落环境为限。

二级保护区一部分位于核心区外侧，环岛道路内侧20米的线状区域自然条件较好外，其他绝大部分已遭人们长期利用开发，致使植被分布不均，可供猕猴采食的植物品种不够丰富，且果期（经济林）过分集中，林中珍贵优良树种少见，台湾相思树有日益扩大的趋势，且有不少营房、村落、场地、农田和荒地、废地。为改变此种状况，除了根据需要将部分土地划作开发建设用地外，应对该地区进行绿色改造和建设，建立果园、苗圃、动物饲料基地、过渡林带等，使人的活动区域与自然保护有合宜的分隔和过渡，并形成良好的自然景观，形成有效的缓冲达到衬托的效果。

4. 三级保护区（相当于科学实验区）面积112公顷

该区是对保护对象和自然物种资源的恢复和发展进行科学试验的地区。区内视资源、特点和地区条件不同，按规划进行科学实验、观赏、考察、科普教育，是进行植物引种、动物驯化、培育、参观游览活动的场所。可考虑自然生态要求和一定的人为活动功能要求和科学实验要求进行适当的相应调整。

区内不得建造任何与保护、科学实验、游览活动不直接有关的工程设施。现有的建筑和工程设施可视情况实施拆除或改造，以满足保护的要求。严格限制扩建民居和其他生活性设施。

三级保护区主要位于本岛西、北部山头和礁坑湾。大多为阔叶中林和次生林所覆盖。区内已人工圈养梅花鹿，并人工喂养、自然生长着两群60多只猕猴。该区不设旅游服务设施，但可设与科学考察、科学教育、观光游览有关的设施，如规划增加“动物乐园”，设养蛇试验场、鸟林、动物表演场等。

六、土地利用规划大纲

1. 保护区布局

按照一、二、三级保护区的具体划分所形成的地域，使该岛构成了一个以一级保护区为核心，二级保护区将其包围，三级保护区伸延的用地结构布局。其范围占据了该岛的绝大部分（占 92.2%）为自然保护创造了有利的生态环境和猕猴等野生动物生长的可靠物质基础。

2. 生产布局

除了绝对保护的核心区外，在合理利用和改造过程中进行积极保护，使自然机制能正常地发挥作用，在林间空地和浅海海域恢复和发展生物资源，开展各种经营，综合利用。多种经营的原则，应保持自然生态系统具有优裕的整体性和协调性，生物资源的利用必须以促进生态系统的协调和正常循环为目的。

在二级保护区中，利用现有大面积的荒山、荒坡和可垦的丢弃地，以及林缘、林窗部分进行林木人工促进更新和人工造林补林，保持现有主要经济林木和其他高大乔木，改造和发展动物饲料基地、苗圃进行特色水果生产，并引进优良品种，提高林相质量。在东湾、礁坑湾一带开辟区域以形成猕猴、鸟类喜食的优良品种，提高林相质量。在礁坑湾浅海域建海洋滩涂实验区，以弥补本岛生态循环圈中无水生动物、植物和水鸟的缺陷。在该处围栏、蓄积一片海洋性滩涂沼泽地，发展海洋水生植物、动物、微生物、水鸟、鱼、禽等，形成浅海滩涂地和海水养殖实验区。在此区域更外围一带，建一定规模的海水水产养殖区。利用珠江带来的淡水和营养物质，及适于捕捞作业的泥沙质海涂，既有利于养殖业生产又可避免工业废水污染，可开辟为外向型水产养殖区。本区位置对航道、景观无明显影响。

结合生态要求、保护要求、动物饲养要求和旅游要求，因地制宜地发展多种用途林，多种用途的海涂生物资源体系。

3. 旅游开发建设区布局

根据旅游开发的需要，在不破坏自然保护的原则下，划出一定地段作为游人活动和生活管理之用。其建设用地选择已开发建设的基地，加以改造，并在水湾北部新辟建设区。南湾主要设置旅游活动中心，旅游旅馆和野营宿地。东湾主要作为驻岛管理人员生活的基地；水湾则安排高档的度假村；北湾为码头、入口区，附设一些商业设施，在牛利角顶有导航设施，其建设用地总面积约 15 公顷。在各建设区周围均设置果园、林带、苗圃等二级保护或三级保护区加以包围，以防止人为活动对核心区的直接干扰和影响。

南湾、水湾为海水浴、太阳浴和森林浴的主要场所；东湾和南湾西侧海域结合喂养鱼类，作为钓鱼区；在南湾西侧辟非机动性游船、帆船活动区；岛北部，主航道东侧辟为水上机动船活动区。

除开发建设区和旅游活动区以外，均属保护区，游人活动必须按规定路线、范围和数量限制在缓冲区内，科学试验区内作科普性观光型的游览。

4. 用地平衡

用地平衡

<table>
<tr><th></th><th>用地性质</th><th>面积（公顷）</th><th colspan="2">占（%）</th></tr>
<tr><td rowspan="3">保护区</td><td>一级保护区（核心区）</td><td>297</td><td>61.5</td><td rowspan="3">92.2</td></tr>
<tr><td>二级保护区（缓冲区）</td><td>50</td><td>10.4</td></tr>
<tr><td>三级保护区（科学试验区）</td><td>98</td><td>20.3</td></tr>
<tr><td rowspan="3">其他</td><td>建设用地（包括道路）</td><td>15</td><td>3.0</td><td rowspan="2">7.8</td></tr>
<tr><td>旅游活动区（沙滩、礁石）</td><td>23</td><td>4.8</td></tr>
<tr><td>水产养殖区（海域）</td><td colspan="3">50</td></tr>
<tr><td colspan="2">合计</td><td colspan="3">483（陆）+50（海）</td></tr>
</table>

5. 各项产业的关系

从生态效益、社会效益和经济效益三大关系来看，内伶仃岛，由其特殊的性质和地位所决定，它应以物种资源多样性这一生态效益为主，以旅游和科普等社会效益为中介，发展多种经营以提高已具有的生物资源、景观资源、土地资源利用率的经济效益，以落实和促进保护、进一步改良生态条件来促进旅游及多种经营的发展，形成生态、社会、经济三大效益协调发展的良性循环关系。

从产业关系看，与土地资源、海涂资源相比，内伶仃岛的生态景观资源占优势地位，加上该地区人民经济生活水平较富裕的原因，有利于旅游的消费市场。因此，内伶仃岛在保护物种资源的同时，其产业发展主要以旅游为主导，同时兼顾水产养殖业和其他生物资源的多方面利用和开发经营。

相应地，各产业的发展步骤宜遵循先保护，后旅游，再探索的多种经营的合宜规模，边开发边经营，分层次逐步扩大旅游业和各种养殖业的规模。

本文发表于《中国生物圈保护区》1997 年第 2 期。

中国现代风景园林建筑综述

中国是世界园林起源最早的国家之一，距今已有三千年的历史。中国的园林艺术是中华艺术宝库中的精品，也是人类文化中的一簇绚丽之花。中国园林建筑在华夏大地上经历了漫长的发展过程而形成自己独特的艺术风格，获得人们的赞赏。

由于中国政治和经济上长期处于滞后状态，作为反映社会经济、文化的园林艺术也就处于保守固封的停滞状态。新中国的成立给风景园林事业带来了勃勃生机，虽然半个世纪以来风景园林事业在政治运动和经济起伏的影响下，几度风雨，有发展、有挫折，但总体上看，仍顺应着社会的发展和世界大潮，在不断地发展和前进着。而改革开放的阳光和经济发展的雨露则给风景园林事业带来了新的活力。

中国现代风景园林的发展

新中国成立不久，随着第一个五年计划经济建设和城市建设的开展，城市园林和风景区的建设也逐步获得相应的发展。在1950年代后期，在向苏联学习的思想指导下，接受苏联城市建设和园林建设的经验，引进了苏联城市绿化和园林艺术的理论，在城市规划和建设的同时，对城市园林绿地均做了相应的考虑，产生了积极的影响。如按城市规模确定公共绿地的面积，设置公园、林荫道、滨河路，在一些大城市还建造了植物园、动物园、儿童公园等。如北京的陶然亭公园、什刹海公园，上海的杨浦公园、西郊动物园，广州的流花湖公园，武汉的解放公园等。在一些新建的居住区配置了一定的绿地面积，在工业区设置了相应的防护林带。

在此同时，对一些有代表性的古典园林加以修复和改造，将那些原为帝王所据有的皇家园林（如颐和园等）和私家园林（如拙政园等）向广大公众开放，使那些传统园林的艺术能为大众所享。对一些著名的风景游览地也做了大量的工作，如在杭州，对西湖周围的群山进行了全面绿化，将一些历史文物和风景点修饰一新，并加以扩大，满足广大群众旅游观光的需要。又如在桂林，结合城市建设对各著名的山水景点做了通盘考虑，为其成为一个有特色的风景旅游城市打下了良好的基础。配合职工休、疗养的需要，在一些自然景色优美的地方建造了休养所、疗养院和接待旅客的宾舍。如在广东从化温泉、江西庐山、河北北戴河等地都有一些建造活动。至1960年代初，在实践中感到，按照苏联文化公园理论来建造新的公园，超出了我国当时的经济能力，也不适应中国人对园林文化艺术的习尚；另一方面也深感原来为少数人服务的古典园林在内容上和形式上均难以适应广大群众的需要和喜爱。在这样的情况下，建筑界和园林界对中国传统园林艺术开展了研究，积极探讨继承优秀传统和在社会主义条件下创建适合于现代大众生活需要的具有中国特色的新园林。在1960年代中期，首先在广州出现了以白云山山庄庭院、矿泉别墅庭院、西苑庭院等为代表的新型的岭南园林风格，在改革传统园林的发展上获得了有益的成效，对全国园林界产生了积极的影响。

“文化大革命”的浩劫使被称为“封资修”的园林事业遭受了严重的摧残，不仅园林建设处于停顿，并且许多绿地被占，有的改为农田，有的园林建筑被改为他用，许多花园和盆景被砸毁，使脆弱的园林成为政治上的受害者。四人帮打倒以后，全国各城市的园林绿地在医治“文革”创伤的基础上重新起步，面积扩大，质量提高，速度加快。一方面对古典园林进行了更好地保护和修复，另一方面营建了许多种类型、性质不同、规模不一的园林绿地，在总体规划、园林布局、空间组合、植物配置等方面推陈出新，取得了丰硕成果。在园林建筑方面，按照新的功能要求，运用了新的材料，新的技术，也产生了不少符合广大人民使用和喜爱的作品。

但从总体看来，有些新建的园林和建筑并不尽如人意。有的公共绿地仍被一道道围墙所隔离；有的建筑了传统的亭台楼阁，缺乏时代新意；有的任意堆筑假山，形成乱石一堆，毫无艺术可言；有的抄袭西方的样式，与整个园林风格不相协调；有的认为只要把地面铺上草坪就完成了任务……凡此种种，反映了在园林产业的发展中，人们思想认识上的差异，需要努力探索。

中国传统园林的实践

中国传统园林是中国文化艺术的宝贵财富，但其内容、空间和结构已不能适应现代人的生活和审美的需要，因此我们不能拘泥于过去的成就，而应当在充分理解的基础上对传统加以更新和发展，是造园设计师所关注和探讨的问题。现仅就上海 1980 年代以来陆续修复或新建的豫园、大观园和方塔园为例，来阐明由于不同的背景和不同的设计者而采取的不同处理手法，对中国传统园林的发展和探讨也许会有代表意义。

1. 豫园

位于上海老城区的城隍庙，原建于明嘉靖年间，是当时江南的名园之一，已有 400 多年的历史，由于其东部被毁，而需重新修复，属古园修复工程。设计者采用传统的造园手法，以曲折回环、开合有致的水面统摄全园。厅堂、廊榭等建筑均围池而建，缀以假山、树木，自成一内向型的院落，庭院嵌套有致，空间步移景异，再现了传统园林的艺术风貌。基于作者对古典园林的立意、布局、建筑的构造法式、比例尺度、细部结构都有深入的了解和掌握，故而能做到“整旧如旧”，再现昔日风采的效果，成为名园恢复的佳例。

对于有特殊历史意义和文化价值的古典园林，特别是园林建筑，忠实地加以复原予以“重现”,是一种基本手法,在一些苏州名园修复中，也大都采用这种方式，使这些古典园林的文化艺术得到保护和恢复是必要的。也只有在对这些传统园林的历史、文化艺术有全面深刻了解的基础上，才能做到“整旧如旧”的要求，否则就会产生一些不伦不类的仿古建筑，歪曲了传统园林的艺术形象。

2. 大观园

位于上海郊区淀山湖畔,是以《红楼梦》的主题新建的一个仿古园，通过创作者对古典的理解和思考而展现的一座传统型的新园林。该园的各幢建筑，无论从格局、造型、色调、材料以及细部处理上都十分地道，在众多的仿古园林中，被认为是比较成功的例子而获得颇高的评价。但正如作者所述：无非是以《红楼梦》的故事为背景，借题发挥营建一座江南式传统园林，以满足市民文化休息及旅游者观赏的需要而兴建的一座“主题游乐园”而已。

由于作者不满足于对传统园林的简单模仿与再现，而是在对古典传统充分理解的基础上，结合时代的要求，努力探索古为今用的创作道路，按其对传统园林的解释而创建的一座新的仿古园，它超出了对古典模式的简单再现，而上升到崭新的“境地”，这种借文成景的例子，与杭州的“花港观鱼”、“曲院风荷”等景点的建设，均有类同之处。

3．方塔园

位于松江县城区，是由历史上遗留的宋代木构方塔、明代的砖雕照壁和搬迁来的清朝天后宫等观赏性古建筑为主的历史文物园，设计者将此三个不同时代、不同风格的古建筑珍品，放在三个不同的广场上，以展示不同的历史风格，供人观赏。

全园以塔为主体，其周围虽建有墙垣，却打破了习于采用的以墙围合的内向型塔院的传统做法，而用了隔而不围、顺势引导的手法，并将保留的古树、密植的松林、大片的草地、彩色的花坛、宽阔的水体等自然景色引入，共同组成丰富的景象，游人可以从不同角度来欣赏该景物，并随其远近高低，或隔水而望，或登高而眺，时隐时现，构成多姿的景色画面，以获得深刻的印象。

在这里，传统的造园手法和基本框架依然存在，水面为全园的中心，绕池筑路，建筑也多依水体而展开。但历史的古建筑则用现代的园林空间加以组合展示，而新的茶厅、入口门架、亭榭等，则以现代结构系统的符号来表现一种新的意境，反映出一种传统与现代的糅合。既符合时代的精神，又表现了传统的内涵，追求其“神似”，实质是对继承更高层次的理解，是一种可贵的探索。

豫园对传统园林的理解，重现了古园风貌。大观园是借鉴于传统，并用自己的见解来展现对传统的诠释。而方塔园虽以地道的古建筑为主题，却采用了现代的手法加以展示，是一种创新，一种超越。方塔园在建成之初，曾引起一些传统维护者的非议，而随着时间的延伸，则获得越来越多的赞赏，正说明人的审美观是在变化的，也证明设计具有超前的魅力。

中国传统园林形成于封建社会长期的雕琢中，咫尺山林、亭台楼阁，空间尺度均以适合当时的帝王、达官显贵或文人雅士的享用为标准，却无法满足现代人生活的需求，如现在的苏州园林人满为患，已难以体现当时的情趣，并且其诗情画意亦非现代大众所欣赏。加之建筑量大、造价昂贵，所以不是中国现代园林的方向，因此任何因袭古典造园的形式和手法，都无法完成新时代赋予的建设新园林的任务。

中国传统园林走出国门面向世界

中国造园有悠久的历史，中国造园艺术在世界园林中独树一帜，享有崇高声誉。在历史上，中国园林对日本、朝鲜、东南亚以至欧美诸邦，都曾有过一定的影响。但由于数百年来中国园林一直处于相对封闭的情况下，与国际交往甚少，而致代表东方园林的中国园林有被日本园林取代之势，令人遗憾。1980 年代以来，在改革开放的阳光下，中国园林又开始走出国门，面向世界。通过国际博览会、展览会、友好城市的交往以及有关地区官方或私人的邀请而在异国他乡建造了若干不同规模、各具风格的中国园林，在国际上获得好评，也促进了中国人民与各国人民之间文化艺术的交流和友谊。

1980年在纽约大都会艺术博物馆内建成的“明轩”，是苏州网师园“殿春簃”原本的移植，面积虽仅400平方米，却以中国苏州园林所特有的艺术魅力和精湛的工艺，在大洋彼岸引起了轰动，产生了良好的效应。1983年参加德国慕尼黑国际园艺展建造的“芳华园”，是一座占地530平方米的岭南式园林，获得了大金奖。1984年英国利物浦国际园林节建造的“燕秀园”,则是以北海公园的“静心斋”作为摹本的皇家园林，也获得了该次园林节最高荣誉的大金奖。1990年为参加日本大阪花与绿世界博览会建造的“同乐园”，荣获一枚大奖、八枚金奖、三枚银奖的荣誉，并被参观者誉为“华夏之魂”、“中华之光”。另外还有泰国曼谷的“智乐园”、埃及开罗的“秀华园”、加拿大温哥华的“逸园”、澳大利亚悉尼的“谊园”等。自此以后，世界上许多国家和地区陆续建造了各种风格的中国园林，通过这些实物实景，使中国传统的园林艺术在异国他乡再放光彩，并成为介绍中国园林艺术的“常驻文化大使”。

中国现代园林的成长

园林的发展与社会经济及文化生活密切相关，随着经济的发展和人民生活水平的提高，对园林的内容和形式也必然有新的要求。为少数达官贵人服务，踱方步观赏的传统园林已无法满足现代广大民众快节奏的活动需求和审美情趣，需要更新。另一方面传统的艺术观念以其惰性仍占有一定市场，这样就使新园林的发展道路并不平坦，但事物总是在不断前进的，新型的园林必然会在吸收传统园林的营养中成长起来。

园林建筑的新风格

建筑是风景园林的组成要素之一，就园林的总体来看，应以山水风景为主，建筑为辅；但从局部来看，则建筑又往往是景观的重点所在，景域的构园中心。因此它既有赏景、休息、文化娱乐等功能的要求，更有点景、组景和观赏的艺术要求，所以它的造型设计比一般建筑要求更高，难度更大。虽然如此，但随着风景园林事业的发展，园林建筑在数量上、内容上、类型上亦有相应的发展，在水平上也不断提高。特别是在因地制宜、创造地方风格和继承传统方面都有所探索和尝试。如广东的园林建筑，自1960年代以来，创新和吸取地方特点逐步形成了岭南新园林的体系，获得公认。另在上海、杭州、桂林等地，也出现了具有新格调的园林建筑，在丰富风景园林的内容，发挥园林的作用上取得了一定的成绩。

中国传统的园林建筑主要以亭、廊、榭、舫、厅、楼、阁、殿等形式出现，在封建社会里形成了一定的模式格局。但随着历史的发展，新的生活、新的材料、新的技术，使其内容和形式应符合现代的生活和审美要求。虽然有些传统的园林建筑如亭、廊、榭等仍广泛采用，但其形式和艺术表现上均发生了变化。另一方面随着时代的发展，也顺应地产生了许多新内容的园林建筑，如公园的展室、阅览室、宣传廊等文化宣传类的建筑，也有露天舞台、溜冰场、划船码头、游泳池等文娱体育类的建筑，以及餐厅、茶室、小卖、厕所等服务性建筑，还有植物园的观赏温室，盆景园的陈列设施，动物园的禽兽笼舍以及纪念性的馆、碑、墓、塔等特殊建筑。如广州白云山的双溪别墅、广西桂林芦笛岩的接待室、上海动物园的金鱼廊、南京雨花台纪念园等，这些建筑都与所在的园林绿地中的地形、植物、水体等共同组成美丽的空间环境，成为大家称赞的优秀作品。

多样化的园林建筑小品

除了具有各种功能和体量的建筑以外，还有多种园林建筑小品或设施，这些小品体量虽小，却在园林组合中常有点睛之妙。一个入口、一座雕塑、一片铺砌、一组游具、一盏灯式、一个路牌，跨溪的小桥、水面的汀步……无论这些小品是依附于某一景物或建筑之中，或独立设置，其定位、取意、造型均需经过精心的考虑和一番艺术加工，与园林建筑环境相协调，则均可给园林添景增色，成为佳作。

由于其体量不大，限制较小，所以在公园街头绿地以及建筑庭院造了不少，对于丰富园林空间、点缀城市景观、装饰美化环境起了积极的作用。如广州白天鹅宾馆中的故乡水、桂林盆景园中的山水壁、合肥环城公园中的动物造型、现代设计香山饭店庭院中的“曲水流觞”和上海龙华公园入口处的“红岩”石景等，都给人留下了美好的印象。

但也无可讳言，由于造价不高、容易建造，以致粗制滥造者颇为不少，特别是有些雕塑造型缺乏新意，造型欠妥，制作粗糙，不仅未能增色，反而污染了视觉环境，常为人们所议论。

抽象式园林的探索

园林的形式和艺术总是带有时代的印记，新的时代孕育着新的审美观念，对园林的形式也产生了新的要求，特别是在新建的城市里，城市的空间和建筑均有了新的风格，那么，与其相应的园林也不可能再采用那种曲径通幽、步移景异的传统手法，而需有相匹配的新的形式。

特别是当人在汽车、火车中高速行驶时，或在高架路、高层建筑向下俯视时，就需舒展的空间、色块的对比、简练的线型、明快的构图并带有装饰美的画面，以获得美好的视觉感受。也就是用树木、草坪、花卉、水体、铺地和建筑的线条和色彩，组成一幅抽象的构图画面，这种以植物的色彩作为“颜料”而勾画出的图画，也是与现代的绘画、造型、音乐、舞蹈等抽象艺术相沟通的。这种抽象式的园林在1980年代深圳的城市建设和建筑庭院中已得到实施，对新型城市的景观风貌起了积极的作用。在广州、上海等城市也开始出现，其他城市也有所接受和采用。

主题园的兴起

随着人们游憩和娱乐的需要，现代科技和文化的发展，以1955年在美国加州兴建的迪斯尼游乐园作为现代主题园的开端，在世界上陆续兴建了许多主题园。在我国，随着改革开放的春风，1989年深圳特区首先建成了“锦绣中华”主题园，一举而红，其意义除了反映大众对休息娱乐的需求以外，更突破了我国一直承袭的园林形态。为现代中国园林的发展作了一种新的诠释。它呈现了一种新的自然与文化的“缩景”博物馆。由于其在社会、经济和环境三方面均获得了较高的效益，而导致主题园在华夏大地上一哄而起，形成了一股“人造景点”热。其中有以科技为主题的北京的国际游乐园，广州的“世界航天奇观”，苏州的“水上乐园”等，也有以文化为主的深圳的“中华民俗村”、“世界之窗”，珠海的“圆明新园”等，这些主题园的建设与经营虽以赢利为主要目的，但其背景大都有良好的绿化环境，并因其绿化的公共性和无界性又对城市的环境起了一定的作用，成为一种新的园林产业。这类主题园大多有颇多的园林建筑，这些建筑按照游乐和展示所需的功能外，并具有多种类型的形象，无疑大大丰富和扩展了园林建筑的类别和形式，如“锦绣中华”、“世界之窗”的“微缩建筑”，民俗村中的“仿制建筑”，更有一些配合环境需要而产生的特色建筑。如“世界之窗”中的“世界广场”，音乐喷泉的观赏台等，在内容和形式上常具有创新的特色，受到人们的赞誉。但由于许多主题园的兴办者和设计者大多带有很强的商业功利性，加之缺乏科学的分析和论证，而形成主题园的过热，并产生某些“人造景点”内容上不健康，建造得很粗糙，形象上的丑陋。不仅无美可言，反而造成环境上的破坏，土地的浪费和资金、资源的无谓消耗，引起了大家的关注。

中国风景名胜区的发展

中国地域辽阔，山河壮丽，风景优美，古迹众多，这些风景资源不仅是大自然的珍宝，并且渗透着丰富的历史文化内涵，是中华大地的宝贵财富，并构成世界上别具一格的风景名胜区。

中国人民历来崇尚自然，热爱山水，有登高、踏青、远足等欣赏自然、吟诗名山大川的传统习俗。但把风景资源作为国家的建设事业进行开发，发挥其游览、观赏、游憩和进行科学文化活动的功能，则在80年代才真正开始。自1982年以来，国务院陆续公布了三批国家级风景名胜区共119处，再加上各省市级的风景名胜区全国共有五百多个，其总面积约占国土面积的1%。其中泰山、黄山、武陵源、九寨沟和黄龙等五处已被联合国教科文组织批准列入《世界遗产名录》，被公认为世界珍贵遗产。中国风景名胜区体系的建立，对满足人们物质和精神生活的需要，均有深刻的意义。国家制定了一系列的方针、政策和规定以保护好、利用好和管理好这些地域，使其能得到永续合理的利用，发挥其资源的持续效益。

随着改革开放，经济的发展，人民生活水平的提高，双休日的实施，旅游的兴起，许多风景名胜区已成为旅游观光，度假休养，会议活动的热点，在一些风景区及其附近地区相应地修建了有关的道路交通，旅游接待设施，并在不断发展之中。正由于此，许多景观建筑师和建筑师以极大的热情参与了有关风景区的规划和风景建筑设计，通过精心的设计，建成了一些选址相宜、布局合理、体量合适、造型上有新意和周围自然环境相融合的风景建筑，受到好评。如桂林七星岩的“若虚阁”，辽宁闾山的山门，福建武夷山山庄，安徽黄山的云谷宾馆，浙江富春江的习习山庄等，有的仅是一个溶洞的入口，有的则是容纳数百人的宾馆，它们均在满足了其使用功能要求以外，又在其内部空间处理上和外形轮廓上各有特色，有的结合地形，高低错落，有的则把自然的山石覆盖于屋顶之内，有的用石、竹、木等当地的材料，有的饰以现代的琉璃，但使人感到都是特定环境下，具有地方特色的，符合现代人们生活和时代审美的，既具有当地的乡土味，又不同于原有的新的风景建筑。各具特色各呈风骚。反映了设计者的执著追求，所获得的一些可喜的成果。

但在风景区的建设中，由于思想上的滞后，认识上的偏见，急功近利的追求，缺乏合理的科学的规划而造成的一些失误，也是无可讳言的。如把接待设施区放置在景区的上游，生活污水污染了景区清澈的溪流；有的建筑不管地形条件，大动土方，破坏了周围的自然景观；有的砍伐山林，破坏了生态环境；有的开山采石，造成千疮百孔；有的古建被轻率地破坏或改造得不伦不类；有的新建房屋选址不当，形态与环境很不协调……这些建设性的破坏，引起了越来越多的人的关注和呼吁。风景区的建筑不论其大小，均要与自然的山、水、林的自然环境相协调，构成整体的融合是基本要求之一。

从社会发展的潮流来看，面向21世纪的到来，建筑在不断增加，城市在不断扩大，“灰色森林”的硬质环境使人类的生存环境越来越恶化，令人深感忧虑。而现代环境学、生态学从理性上确立了人工与自然应建立相平衡的关系，“建筑、城市与园林的再统一”。城市园林绿地已成为衡量城市现代化的重要标志，是建设“生态健全”城市的重要组成部分。宅园、小游园、花园、公园、林荫道、防护林、自然公园等各类园林绿地，渗透到城市和建筑的各个领域，以发挥“绿色”的效益，并促成城市向园林化、建筑向庭园化方向发展，“人工与自然的融合”已成为现代城市人们共同的愿望。

作为风景园林组成的要素之一的园林建筑又将会怎样呢？在风景园林中应确定植物造景为主，重现生态效益的原则，这就要求改变中国传统园林中的以建筑为主体，并占有颇多面积的情况，对其规模要严加控制。随着园林多样化的发展，也给园林建筑提出了新的内容要求，如高尔夫球场的俱乐部、海洋公园、水上乐园等新型的设施。现代科学的发展，新的声、光技术又给园林建筑创造新颖、动感的景致提供了新的条件。另外，现代建筑的发展和国际上的交流，一些新观念、新形式也会反映到未来的新园林中来。总之，随着新概念、新材料、新技术的发展，将为园林建筑和建筑小品提供更为广阔的创作天地，也必然会产生许多新颖的具有时代气息和中国特色的新型的园林建筑。

中国古典园林及其建筑曾在历史上有过卓越的成就，得到世界的赞赏。而现在，面临21世纪的到来，风景园林事业必将会出现一个发展的机遇。这就要求从事风景园林规划和园林建筑设计的景观建筑师和建筑师抓住时机，从理论上和实践中作不懈的努力和探索，则必然会产生一次新的飞跃，使中国的风景园林及其建筑在世界上再显辉煌。

本文发表于《现代中国建筑史》，天津科学技术出版社，2001年。

“人工和自然的融合”是21世纪城市建设的方向

“21世纪是城市的世纪”。根据有关资料的分析，我国在2020年城市化程度将达到50%，随着经济的高速发展，西部大开发决策的贯彻，人口的集中，城市化更大的发展是不可避免的，因此可以称“21世纪是中国城市的世纪”。面对这一新世纪的到来，我们及我们的子孙将生活在怎样的城市环境之中，大家议论纷纷，有的认为未来的城市是信息化的城市，有的认为城市应该是山水的城市，有的认为是健康的城市，有的认为是生态的城市，从不同角度来看城市的发展，必有不同的见解，如果从城市的地域或空间布局来看，我认为应该是一个人工环境和自然环境相融合的地域。

一、 人与自然关系的发展

从历史的发展来看，人是从自然中走出来的，人类在原始社会里，以采集及狩猎为主，过着穴居、巢居的生活，人是依附于自然的。当生产力逐步发展到耕作技术，人类开始定居，逐渐出现了集聚的村庄，但仍过着“日出而作，日落而息”的田园生活，依赖于自然，是靠天吃饭的。当出现手工业生产和商业以后，就产生了以商业手工业为主的居民的城镇。但规模一般并不很大，所以人与自然关系还比较亲近，走出城镇就可以感受到青山绿水、鸟语花香的自然天地，而只有少数帝王贵族住在城邑里面，不仅追求其豪华的物质享受，同时在其居住的周围纷纷建造花园，来满足其精神上的脱离自然的要求，这在中外历史都有记载。无论是古巴比伦甲布尼二世的空中花园，意大利美底奇教皇的梯沃里别墅，路易十四巴黎的凡尔赛宫苑以及中国清皇朝圆明园、颐和园等，都反映了他们的这种需求和愿望，18世纪开始的欧洲工业化，大量的人口、土地、资金、资源集中到城市中来，导致了城市化及大城市的社会现象。近二百年来的工业化、城市化的过程，实际上就是 坏自然破坏环境的过程，大片的森林遭到砍伐，农田遭到侵占，自然的地形、地貌遭到破坏，生态环境遭到破坏，对人们的生活生产带来了损害和污染。19世纪公园运动的兴起，20世纪花园别墅的发展，以及现代绿地系统的建设，正反映了社会民众的需要，"人们渴望自然，城市呼唤绿色"形成一种新潮，很多城市都在用扩大绿化用地，提高环境质量作为衡量现代化城市的重要标志之一，从而影响城市建设的许多方面。

如果我们把21世纪称为信息时代（后工业时代），那么人们应该从生态的环境遭受到的困难中吸取教训，而走向人与自然亲和的道路，也即可称为"人工与自然的融合的时代"。

二、对绿化在城市中作用的认识

随着社会的进步，人们对绿化的认识，由审美的艺术观提升到以游憩为主的功能观，再发展到参与城市生态平衡的生态观念。即认识到城市绿化对保护生态平衡提高城市环境质量的功效，亦即认识到绿化能吸收二氧化碳，放出氧气，降低尘埃，净化大气，降温减湿，改善小气候，减弱噪声，控制通风，减轻自然灾害等效益以外，还可以起到保护生物多样性，保护环境，保护水源、资源等多方面的作用。

因此在城市中，人们通过人化自然（第二自然）即园林绿化的方法来弥补城市化发展过程中对自然所带来的破坏，而成为城市人工生态系统中极为重要的组成部分。城市绿地在周围群落的生长发展过程中，动态地改善了城市的生态环境，提高人们生活的质量。特别是城市的绿地系统，在整个城市中，具有最活跃最积极的作用，是任何其他城市设施所无法取代的。城市绿化具有生态等多种功能，是贯彻城市可持续发展战略方针的重要措施。

从现代环境论的角度来看，不外乎人工环境和自然环境两部分。人工环境，例如人造地下空间，自然环境，如原野，都不适合人们的生活。而人应该生活在人工和自然环境相融合的地域和空间。例如：人口密集、建筑集中的地段应该有花园、儿童游戏场、小游园、绿化广场、街道绿地等所代表的自然环境。在城市中应该有多种公园、林荫大道、防护林带等以及绿地系统。在城市的郊区应该有森林公园、风景名胜区等项目。

从这个观点来看，房间里的一盆花、窗外的一棵树，再到室外的庭院、城市的绿地，使人处处感觉到处在绿色的环境之中，时时刻刻都能享受到自然的哺育。

从规划来看，绿地总体规划要从区域的角度、城乡一体化的角度来考虑，如何将自然山水融入城市环境中来，把森林引入城市，又如何通过点、线、面的方法组成统一的绿地系统，并加以“绿线”得到肯定。在绿地详细规划中要落实道路绿化、绿化广场以及小游园等设施的要求，在单体设计中则需要具有对室外环境、花园、屋顶花园等的种植设计。总之每个规划阶段都能考虑到绿化的规划与设计与其相匹配，在人工环境的城市中处处考虑到自然因素的体现，并在建设中和管理中加以保证。这样就能达到处处有绿的效果。

在城市建设中，无论是西方的巴黎、堪培拉、莫斯科还是东方的北京、苏州、杭州，在建城之始即考虑了城市与自然的关系，反映了人们在城市发展中利用自然、保护自然和再现自然、人化自然的思路和做法。也正由于此，这些城市具有持久的生命力。如今深圳市的城市建设经过 20 年时间的努力，即能获得“世界花园城市”的美誉，也正是在规划开始之初就重视了人工与自然融合的结果。

三、 古老太极图的启示

中国古老的太极图运用到现代城市环境中，即反映了人工与自然、城市与园林的关系。

其一，阴阳各半，各有天地：即城市应该由两部分构成，一部分是由人工建造的物质实体，建筑、道路等硬质材料所构成的空间；另一部分是由树林、水体等自然要素所组成的园林地域，人工和自然各有其自身的含义、内容、作用和特色，是相区别的，但又是构建城市整体的缺一不可的两个组成部分。

其二，阴中有阳，阳中有阴：即你中有我，我中有你，人工中有自然、自然中有人工；人工和自然、城市与园林不是单一的，绝对排斥，而是可以相容的。即在城市建成区应有宅园、游园、公园滨河道……在郊野的森林公园、自然公园中则应有供人们游憩的设施。

其三，阴阳关系，是一个动态的关系。即城市在发展，既有经济、物质的方面，也应该有自然、精神的方面。人工的发展会对自然环境产生冲击和破坏，人们应意识到其“度”，即其能承受的幅度，是否可得到相应的新的平衡，也就是不仅在利用自然的同时要重视自然的保护，并且要运用人的智慧再现自然，人化自然，从而达到新平衡。即园林建设要与经济建设同步发展，不能因经济的发展而严重地破坏生态，如水体因污染难以使用，那么经济也必然衰退。

在现代城市中，人工和自然、城市与园林的关系，既是各自独立的各有所长，又是相互依赖，相辅相成的，也就是太极图中所体现的对立统一的规律。人们应该生活在既有丰富的物质的人工环境之中，但又必须有阳光、空气等自然的环境之中，享受自然的抚育。

四、 人工环境与自然环境的统一

随着工业的产生和发展，城市化的扩大，促使人工环境不断扩大，并迫使自然环境日益衰退，生态条件更为恶化，引起了多种城市弊病，使人担忧。面对这一情况，早在 1898 年英国人霍华德就提出了"田园城市"的设想，希望通过控制城镇规模来调整人工与自然的关系，以改善人们生活的环境，反映了良好的理想和愿望，和一种可贵的追求。1933 年现代建筑国际会议所制定的"雅典宪章"中明确提出了要在城市中建造公园、运动场和儿童游戏场等室外空间，并要求把城市附近的河流、海滩、森林、湖泊等自然风景优美之地供广大民众使用，逐步形成了一套从功能出发考虑公园绿地体系的各种理论和方式，反映了人们已经认识到自然环境在城市生活中的积极作用；1977 年"马丘比丘宣言"中强调了"建筑、城市与园林的再统一"表现出对自然环境的重视。也就是要求人工与自然在城市中得以协调同步发展。1992 年巴西的"世界环境大会"中进一步明确了经济与环境的关系，并提出了可持续发展的理论，得到大多数人的认可。在一系列的呼吁和实际的教训中，认识到不仅要有经济物质的提高，更要满足人们对自然环境的需求。现代生态学环境学的兴起与发展，更使人从理性上建立起一种人工自然相平衡，城市与园林相协调发展的理念，并逐步成为大家的共识。

人是自然的一部分，人的一切活动应是遵循着自然的规律，从历史的教训中，已使我们付出了颇多的代价，适当的自然环境符合人的，乃至整个生物界的本性的要求，对人类应该都具有审美愉悦的功能作用，是构成人类所要求的景观环境，从而成为城市建筑人工环境中不可缺少的"资源"。

对于城市建筑的人工环境，是人类进步的象征，但是，如果缺少了自然的因素，人类就可能成为物质的奴隶。如果我们的城市只有人工的建筑和道路等惯性材料所组成的硬质实体，那么这样的城市就不是我们所需要的，更不能适应我们子孙的要求。近 20 年来，随着经济的发展，中国城市建设有了很大的发展，城市化水平达到 30% 以上，其成绩是有目共睹的，但是也产生了千城一面、环境污染、建筑拥挤、缺乏绿化等问题，也是不可否认的，因此近几年来开展"园林城市"的活动，在扩大绿地方面有了很大的发展，起到了积极的作用。但如何保护自然，把自然山水引入城市之中，组织绿化系统以及如何利用有限的绿化面积等问题，这是值得我们深思的。

当人们生活在人工与自然共荣、城市与园林相协调的环境中，既拥有丰富的物质文明，又享有自然的哺育，在这样的环境中既可获得一种谐和的感觉，而能激发出更高的效率，从而也会创造出更高的效益。

在21世纪，我们规划和建设城市应遵循这一模式，使人工与自然，城市与园林和谐融合，结成一体，同存共荣，是关系到人类是否真正自觉地实现“以人为本”的问题。

本文发表于《中国当代思想宝库》，中国经济出版社，2001年11月，第一版。

人与环境

一、人工环境与自然环境关系的发展

人在自然界环境中生活，人与自然的关系在不断地变化。最初，人居住在森林洞穴中，后来人聚居在一起。为了吃、穿、住。人按照意志来改变他们周围的环境。要饮水，要打猎，要建房，要走路，开始形成人工环境，这个人工环境实际上是依附于自然的。所以人从自然走向社会，在初期阶段还是在自然条件下生活，还是依附于自然的。后来逐步发展，开始有了集镇，慢慢人比较多，城镇越来越大，与自然环境越来越远了。早在奴隶主庄园中就有庭园，也就是把自然环境放到他的宅邸环境中来了。所以人满足了基本的吃住外，还需要有自然环境来补充，在人类历史发展的初期就显示出来。但从整体来讲，奴隶社会的城镇还是在自然的包围之中，人对自然还是依赖的。到了封建社会，人对自然改造的力量逐步增大，出现了大片的农田，引水成渠，修了马路，筑了城墙，人工的环境越来越多了。在这种情况下，帝王将相引进了自然的风水，如秦汉的上林苑，北京的“三海”。这些只有帝王将相才能享受，并且到一定时还要去打猎、郊游。虽然在他们的日常生活中样样都有了，但还是需要自然的东西来补充他的生活。在国外也同样。皇帝有宫苑，贵族有庄园，并利用其势力达到这一目的。说明他们需要自然环境的补充，这是人生活中的需要，也是一种自然的规律吧。在封建社会虽有城墙，但一般城不大，并且一出城就有山川、原野等自然环境。所以这个人工环境基本上还是在自然环境包围之中，周围还是山林原野，因此这个问题不感到突出，人还可以在人工环境与自然环境中得到调节。随着生产力进一步发展，特别是机器，也就是资本主义工业化后，人更集中了，城市越来越大，与自然环境脱离也越远，特别是工人，居住在条件很差的地方，空气污染，水也污染，到处是机器声，在这样的情况下，经过工人阶级的斗争，从而产生了一些空想社会主义的思想。在19世纪后期，当时城市规划就有“花园城市”的设想。空想社会主义认为用这个花园城市就能解决这些矛盾，而不从社会根源去解决，单从环境角度来探讨问题，当然不可能得到解决。随之资本主义矛盾不断加深，也就出现过很多理论，如卫星城、城市群，都包含有从环境观点出发来考虑，也就是人工环境与自然环境的平衡关系问题。因为人如果长期生活在环境极差的城市中，人是会衰退的，生产也会受到影响，对人是不利的。在这种情况下，资本家就逃离城市到郊区去生活，就是到他的别墅去生活一个阶段，当然城市也搞了点公园，以标榜资本主义的平等博爱，而实际上也是工人斗争的结果。单从这简单的过程中就能说明一个问题，若只有人工环境是不能满足人的生活要求的，只有在人工环境与自然环境中取得平衡才能生活得好。资本主义国家曾经通过各种科学技术，企图来改善这人工环境。气候不好，室内用空调来解决；马路不畅，搞高速道。但尽管这样那样的改善，总不能代替自然环境，因此就产生了环境学科。随着科学技术的发展，经济实力的增强，人工的东西越来越多，可以围海造田，可以造高楼大厦，可以造地下铁道，造空调车，有了许多东西，为什么还不满足呢？为什么旅游事业发展这样快呢？其重要原因之一就是环境科学告诉大家，人是需要自然的哺育的，人离了自然，是会衰退的。人的很多智慧都是从自然中得到启发的，因为人既有社会性也有生物性。假如仅肯定这一面却忽视那一面，就会产生许多弊病。这已被现实所证明。因此近几年来，人们深切地感到自然环境的重要性，对生态平衡的关注。

我国是发展中国家，城市人口仅占13%，自然环境还未遭严重破坏，我们的城市化尚在初期阶段。九江、星子，以及庐山周围的其他城市，工业还刚刚开始，但要防止工业发展后产生的问题，也就是资本主义发展过程中曾产生的问题。若我们不注意人与自然环境的关系，单考虑经济效益，而忘却了环境效益，那么我们也会产生一系列的问题。现在生活在上海的人，为什么愿意花些钱到庐山来玩，主要是希望到庐山这样的自然环境中得到调节。在上海我们已经不能呼吸到新鲜空气了，这已是现实，有很多大城市也都这样。我们吃黄浦江的水，既有尿又有毒，我们吃的蔬菜和鱼也受到污染，使癌症的因素在增加，这就是工业发展中带来的问题。这个问题在资本主义国家曾经很严重，而在社会主义国家，若不重视的话也会产生。我国的江南山青水秀的城镇在过去很多，而现在你到苏州城则找不到一条清净的小河，绍兴水乡的面貌在发展中也受到破坏，这个问题是很普遍的。所以当人的经济力量增长后，他需要物质上提高，他不自觉地在破坏自然，往往牺牲了环境，而取得了某些经济效益。现在，我们回过头来看封建社会的城市还是非常美丽的，美在哪里呢？就是人工与自然取得平衡和协调。当时人的力量是很有限的。人们在充分利用自然环境的条件下来改善自己的生活，而现在我们的生产能力已提高了很多，要造工厂，如在水面上可以打些桩，遇山地可用推土机，在山地修公路开开炮，这些问题都不困难，但这就往往破坏了自然环境。现在我国的经济力量，开始有了些苗头，某些经济力量大的地方，就破坏得多，某些经济力量小的地方，自然环境反倒保存得较好。这种客观存在的苗头是有的，如石钟山是很优美的，若没有周围的一些乱七八糟的房子，将是一个很完整的自然平衡关系，很美丽的环境。可惜现在的情况，则是原有的自然山水给人工破坏了。有些人可能还没有理解到，因为石钟山范围还不大。现在江西的风景地貌随着城镇的发展正在变化，在这过程中注意或不注意是很有差别的。注意得好，可以创造一个人工与自然相协调的环境，让我们子子孙孙生活在美好环境中。若处理不好，我们就会走资本主义国家曾走过的道路，那就比较麻烦，我们花了钱、费了心，并没有做好事。如九江处在长江边，自然景观非常好，若我们搞工厂选址不好，没有考虑环境保护问题，九江就会重蹈某些城市的覆辙。包括周围的城镇都应该注意起来，不要认为我们有钱就能办好事，若这种思想主导，有了钱往往喜欢表现自己，有占有欲，这是很危险的，因为你人工搞得不恰当，给自然带来了后患是难以挽回的，也会自食其果的。

二、环境观的发展

上面讲过由于破坏了自然，使空气与水污染，结果使人得病死亡。如伦敦是雾都，曾因有害气体散不出去，而出现伦敦“烟雾事件”。日本水污染，因为上游设有有毒的工厂，下游人吃了污染的水就中毒，吃了它的鱼也中毒，很多人得了水俣病。所以这种现象引起了科学家的重视，也引起明智的政治家的注意。譬如，日本在六十年代经济发展很快，大城市不断膨胀。那个时候他很骄傲，洋洋得意，显示了他的经济实力，但结果带来了许多公害。物质文明是提高了，可是其精神状态却下降了，在这样的情况下，一些明智的政治家感到，这样搞下去，影响到日本民族的发展。为此就提出环境对各方面的影响，开始搞国土规划与环境规划。环境学是搞生态平衡，搞空气、水体的处理，搞环境保护等一系列的问题。前日本首相田中角荣写了一本“日本列岛计划开发论”，中间谈很多怎样改变日本工业发展破坏自然环境的问题。作为一个政治家，对规划这样感兴趣，说明他顺应了民众的需要，历史发展的需要。随着生活的提高，人们要求也高了。需要新鲜空气，清洁的水，明朗的天空，需要绿化，需要听到鸟鸣，而不是单纯的电视机、收录机。若只看到电气化，没有好的自然环境，则将是得不偿失的。这几十年来日本在物质生活方面是提高了，但他们的精神生活则是衰退了，是不利的。因此他们目前特别强调了对历史的回顾，对文化财产的保护，对自然的享受。也正是在这样的思想基础上，很多政治家、议员，对竞选的依靠，就是城市与自然环境的共存。有些议员要做市长，他就用这个做竞选的口号，不是他对自然有多大的爱好，他自己有别墅，他是为了迎合群众的趣味和愿望，否则他就上不去。从环境科学来讲，正由于科学的发展，在六十年代以后，环境科学开始发展起来。在国际上，曾在斯德哥尔摩会议上提出“人类只有一个地球”的口号。因为从宏观方面，通过森林学、气象学等多种科学的分析。已经意识到滥伐森林，水土流失，大气中 CO_2SO_2 的不断增加，水体中有害元素的加大，农药用量越来越多，环境污染造成了人们的忧虑；另外从微观方向，生物学、医学、电子学等科学技术的发展，可以对一些现象进行测量、测定。譬如有的病人，在上海吃了很多的药，却未解决问题，但到庐山疗养了几个月，则会不治而愈。这是什么道理呢？可以从医学角度来进行分析测定。对于水、土、空气中有害物的含量，通过微量元素的分析，也可以测定对人的精神与肌体产生什么影响，这些都可以通过科学方法来测定，用电子计算机的数据来说明这个问题。所以无论从宏观方面也好，从微观方面也好，或从社会科学方面也好，总的来说人是生活在一定的环境中，这环境对人的生命起积极的影响，我们应该承认，因为我们是唯物主义者，不管资本主义有这样那样的说法，我们不去管它，马列主义说“存在决定意识”，我们人生活在客观环境中，对我们思想会有影响，对精神会有影响，对肌体会有影响，这是客观存在的。所以从各方面都说明森林对人的作用，它从温度方面，从湿度方面，从空气新鲜方面，从含水量补充方面，都有很多具体内容。若从心理学角度来看，人看到绿色就喜欢，这从环境心理学做了分析。为什么会产生这种感觉呢？人类发展了几万年，人在自然界中生活，与森林有一种习惯平衡影响，而这种习惯影响对大脑神经中枢起到平衡作用。所以人在非常烦躁的情况下，到绿色环境中他感到慢慢平静下来。若一个人非常忧郁、苦恼、烦闷，到绿色环境中，可以取得兴奋，也是起到平衡作用。这些东西都是有根据的，通过现代科学就可以说明。过去很多有钱人需要自然，但为什么要自然，他们说不清，现在我们可以用科学的角度来阐述这个问题。当然我们对这些科学还仅是初期阶段，知其然而不其所以然，或只知其部分之所以然。但我们相信，通过科学的发展，知其所以然是会不断的发展与完善。在国外，资本主义国家土地是昂贵的，资本家办工厂，就是考虑利润。一种是把土地盖尽量多的厂房，以容纳大量的工人和机器来获取利润，这样到处都挤满厂房，机器响，烟雾弥漫，环境很差，在这样的条件下，工人的精神状态是低沉的，因此他的生产效率并不高，质量也不好。后来由于环境心理学的发展，得到一些结论，若你把一部分土地划作绿地，给工厂创造了很好的环境后，条件改善了，生产效率会提高，用的人会减少，价值利润可以增加，而不是减少。进行了这样的分析，开始人们是不理解的，但科学得出了结论，使资本家慢慢认识到这个科学道理，搞了些这样的工厂，就是现代化工厂。由于缩小了厂房的面积，促使了技术的改造，提高了人工环境，再以绿地自然信息作为补充，工人在良好的环境中生产，就提高了生产效率。这部分绿地，从表面上看是花了钱，但实际上是赚了钱，这是用电脑来计算的。我在日本参观了两个工厂，一个是钢铁厂，一个是发电厂，给我感觉，其厂区环境像一个高级研究所一样，生产流程效率很高，人也很少。过去很多人是去看他们生产设备来理解生产率的提高，而现在去看他们的生产环境来理解他的生产效果的人越来越多了，这是巨大的改变，这个改变也就使更多人注意到环境对生产效率的影响。现在我们搞工厂圈地很大，乱七八糟，东一块、西一块、一个个“小而全”，花了不少钱，经济效益究竟怎样？对于这些工厂用地给他多一点好呢？还是少一点好？是多搞点厂房好，还是多搞点绿化好呢？在有些先进国家中已有结论，他们的地是很贵的，但资本家愿意拿出20%到30%的土地来搞绿化，难道他不知道代价吗？不会算这账吗？这已有科学根据，事实已经证明了环境效益与经济效益的关系，人与自然环境的关系是非常密切的。

当然环境因素是多方面的，这里仅从城市规划，从园林绿地的角度谈一点内容。

三、建筑环境观的形成

有些同志提出，建筑中传统与革新怎样处理，很难正面回答。我只能从环境角度与建筑思潮来谈这个问题，因为各时代物质基础和思想意识的差别，而创造了各时代不同的建筑。由于自然环境不同，各地方风格也不同。如看一座房子，看他的结构与形式，就大体知道是几十年代的东西。建筑随着时间在发展，各有不同的特点， 在一定的阶段中，具有相对的稳定性。从近一百年到二百年建筑的发展来看我想可以粗分为三个阶段：①古典艺术观：形式具有一定格局，城市讲究轴线、放射、棋盘的形式。建筑是对称，三段式，绿化是整体型，花坛式的。当资本主义工业发展后，这种形式不能满足生活发展的需要，所以在西方出现了现代建筑派。②功能观：它的基本思想是从功能角度来考虑，从当时出现的新的建筑材料，钢架、玻璃、塑料来考虑，产生了新的建筑派、功能派，认为房子是机器，城市是容器，着眼于内在的功能要求和材料的表现，搞了很多高楼大厦，地下铁路，高速道，肆无忌惮，为所欲为，表现财力，但破坏了环境，造成一系列问题。因此又发展到从环境角度来考虑。③环境观：就是从环境角度来看问题，一个建筑要与周围的环境相呼应、相协调。城市怎样能与周围的山水取得协调的平衡，就要造成一个又有自然、又有人工的环境。最近报载堪培拉（澳大利亚首都）是园林化的城市，城市园林化比较成功，评价比较高。最近国外还有许多新城的设计都按照这个观点进行规划和设计，取得比较好的效果。

我们国家发展情况怎样呢？解放才三十多年，原来是个烂摊子，在五十年代初期，我们经济力量很薄弱，当时苏联帮了些忙，在他们的思想基础上搞了规划，搞了些大建筑，他们主要是西方古典艺术观的基础，对我们影响很大。我们从打倒“四人帮”后，功能观发展很快，在城市规划中，建筑中都着重考虑了功能的需要，但有些设计仅从本身功能角度来考虑，而没有把它放在环境中考虑，产生了破坏环境的后果。如黄山公路按二级公路技术要求来设计，结果破坏了自然地貌环境就不妥。我们现在住的芦林饭店，依山势建有三幢房子，用三条汽车道来联系是很方便，却对环境破坏了，若三条并成一条，上下两幢稍微走几步就可到达，这样就可减少许多水泥路，自然环境也好多了。所以公路设计也要考虑环境，保护好环境。有的可能造价会增高些，但有时并不要增加费用，甚至可以减少投资，关键在于设计中有无环境的思想。目前国际上提出环境设计，就是不再停留在功能与艺术设计上，不单是设计一座房子，他要把周围的房子、道路、绿化统一考虑，他们教学体系已进入环境观的思想。如把建筑作为人工环境为主的空间来处理，把给排水从环境保护角度来考虑，把区域规划与城市规划作为自然与人工环境平衡关系来考虑，把园林设计作为自然再现，作为使自然的因素参与到人工环境中这样一个体系来考虑。

那么怎样来安排各个时代建筑的关系呢？

从表面看不同时期有不同的建筑形式，但有内在因素。如一家三代人，穿的衣服不同，思想认识也有差别，但还是有遗传因素在显示，还是一家人。又如中国人到外国去穿西服，但还是中国人，外国人到中国来穿中山装、北京鞋，但还是外国人。建筑也是一样，每一时期有它建筑的特点。各个时期的建筑要考虑他们之间的协调统一，如能利用绿化在空间上加以分隔是最好的方式，而如果是处在一个建筑群中，则应该允许有时代的差别，更应该尊重历史的建筑，在气质上取得一致。在现代建筑设计中，也尽量把自然引申到这个人工环境中来，屋内有盆栽，有绿化庭院，引进树木花草，山石水流，让建筑中也有几分自然情趣。

人是在一定环境中生活的，不同的环境会对人产生不同的影响。世界上很多有名的音乐家、诗人、哲学家、科学家，都是从自然的环境中得到熏陶，得到力量，得到启发，这就是环境对人的影响。国外有很多青年只讲物质文明，哪儿有钱，就到哪儿去。有些国家人才外流的情况很严重。现在日本理解到这一点，对环境心理学进行研究，企图加强历史教育、环境教育，加强乡土教育，而产生对国家、对乡土的感情，企图减少外流的情况，这也许含有精神文明的作用吧。当然环境心理学是资本主义的东西，但也有值得我们学习的地方。我们搞建筑设计、规划设计、园林设计的，既是物质空间，又有精神感受。怎样创造一个环境，怎样从物质的与精神的东西中给大家享受，能起到潜移默化的作用，那么我们就算成功了。假如我们的环境差了，为了物质到处追求金钱，到处流浪，到处犯罪，也可以说我们设计师没有尽到责任，要从这样高度来看这个问题。所以人与环境的关系是非常紧密的，也是非常微妙的。就我个人长期生活在大城市的人，到庐山这个大自然环境中来，得到各种各样的启发，生活在大自然怀抱中感到很真实、很丰富，感觉生机勃勃，质朴而多姿，永恒而变化无穷，一些思想上的污泥浊水都会抛开，精神上受到一次洗涤。假如我们庐山能给广大的游人达到这样一个效果的话，其贡献是多大呢？那决不是我们旅游局得来的外汇而能衡量的。因此我们的着眼点究竟从哪儿去考虑问题呢？

最后就我所接触的庐山、九江市及几个县城，谈谈我的看法。希望把它们创造成一个既有自然环境又有人工环境的统一体。有的是九分自然环境，一分人工；有的是七分自然，三分人工；有的是各自对半；有的则是八分人工，二分自然；有的是自然为主（如庐山）；有的是人工为主（九江市），至于究竟各占几分，怎样平衡，在座的各位衡量。要达到既有自然环境，又有人工环境的统一，协调、充实、丰富的这样一个环境，既给予有足够物质条件的生活，又有丰富的自然环境的哺育，能达到这样的境界，那不但是今天，也是我们共产主义所希望的，也必然能在这样的环境中培养出我们共产主义的新人来。

本文为庐山总体规划发言稿汇编，写于1983年。

对中国传统园林的理解和借鉴
——从上海豫园、大观园、方塔园谈起

本文试图通过上海20世纪80年代新建的三处园林实例，包括“修旧如故”的豫园东部，“借题发挥”的仿古大观园，以及运用现代手法展现古典内涵的松江方塔园来探讨中国传统园林的未来发展方向。

中国古典园林是公认的中国传统文化艺术宝库中的奇珍。然而，在社会日新月异的今天，曾经带给人们无限美感与遐思的那些狭小幽暗的院落、崎岖盘曲的园路已经越来越难以适应现代人的生活节奏和审美需求。究竟该如何对待这份宝贵的历史文化遗产，这是当今造园设计师广泛关注和探讨的问题。现谨借上海20世纪80年代以来陆续修复或新建的豫园东部、大观园和方塔园三个实例来阐明在不同的背景下不同的设计者所采用的不同的处理手法，对这一问题的探讨也许会有一定的代表意义。

一、豫园

位于上海老城厢城隍庙西，明嘉靖三十八年（1553）四川布政使潘允端始建，当时与太仓王世贞的弇园并称为东南名园之冠。历经四百年兴废，其东部已经完全平毁。新中国成立后曾于20世纪50年代略加点缀，但仍与豫园其他部分极不相称。乃于20世纪80年代再兴土

木，重新布置。设计者参照文献记载，沿用传统文人园的造园手法，以曲折回环，开阖有致的水面统摄全园，厅堂、廊榭无不临水而建，其间缀以假山、花木，整体上形成内敛的大空间，再加以分割切换。人行其间，深感庭院嵌套有致，空间复合多变，高潮迭起，余音袅袅。由于设计者对古典园林的立意、布局，传统建筑的构造法式、比例尺度均有深入的了解和掌握，故而能够“整旧如旧”，再现昔日风采，成为古园修复的佳例。

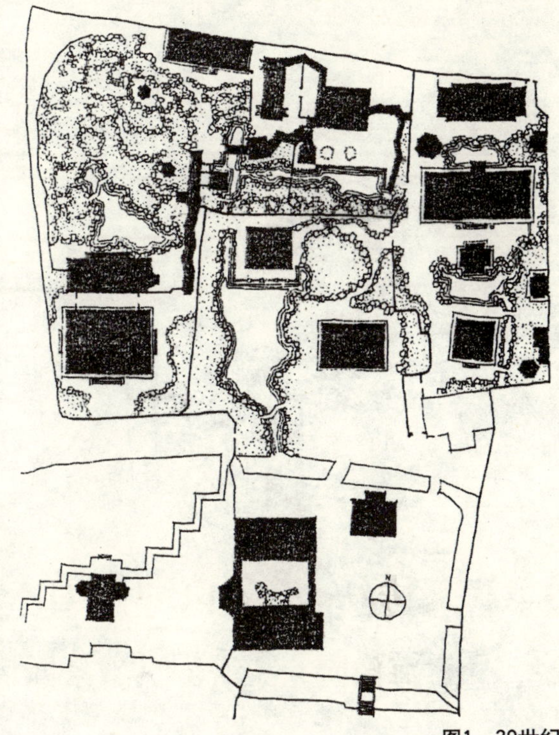

图1　20世纪50年代豫园平面图

对于类似有特殊历史意义和文物价值的古典园林的修复来说，忠实地予以复原、再现，是最为基本，也是最为原则性的处理办法。在苏州的一些名园，如艺圃、环秀山庄的修复中大都采用这一方式，这使它们所承载的丰富历史文化信息得以赓续。应该指出的是只有在对这些古典园林的历史文化内涵有了全面深刻的了解之后谨慎出手，小心收拾，才有可能最终功德圆满，取得预期效果。否则极易画虎类犬，反而歪曲了传统园林的美好艺术形象（图1）。

二、大观园

位于上海青浦县淀山湖畔，是以古典名著《红楼梦》为主题新建的仿古园林。创作者凭借对名著的理解与思考塑造起一座传统型的主题游乐园。园中各建筑组群与建筑单体的布局、形体、色调、材质及细部处理均相当精到，在众多仿古园林中堪称上选，一向好评如潮。但正如作者所述，这无非是以《红楼梦》中的悲欢离合故事为背景，借题发挥，营建一座江南样式（以香山帮名匠所著《营造法原》为主要依据）、江南风味的传统园林，以满足市民文化休息及旅游者观赏游憩的需要而已。

创作者不囿于对传统园林的简单模仿与再现，而是在对其充分理解的基础上，结合时代的要求重新加以诠释，努力探索古为今用的创作道路。园中少见于传统园林的整齐划一的建筑朝向、随处可见的对位关系均能说明问题。它实则超出了对古典园林模式的简单“再现”而

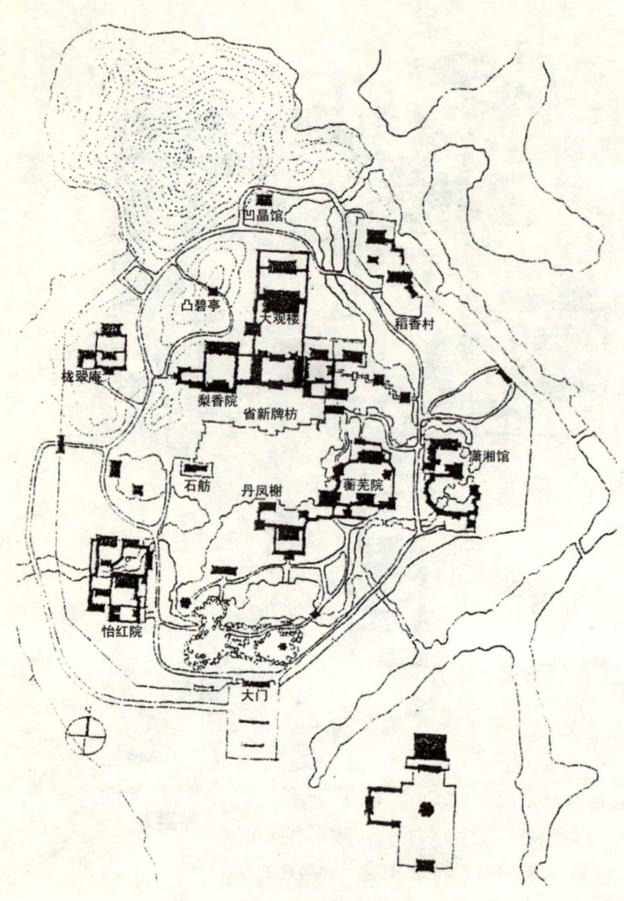

图2 大观园平面图

上升到“展现”的境界。类似于这种“借文成景”的例子还有杭州花港观鱼、曲院风荷等景点的建设（图2)。

三、方塔园

位于上海市松江区，是由历史遗留的宋代方塔、明代城隍庙砖雕照壁和搬迁至此的清代天后宫大殿等古建筑为骨架建成的历史文物园。设计者通过对基地的精心剪裁和对原有轴线的巧妙编织，将这三个不同时代、不同风格的古建珍品组织在不同标高的广场里，为它们提供既自成一体又相互呼应连通的展示空间，以充分展现塔的超拔，照壁的静穆，殿的庄严。

全园以方塔为视觉和心理上的核心，并打破以垣墙围合成面面俱到的内向型塔院的传统作法，而是隔而不围、因势利导，将四周苍老的古树、密植的松林、广袤的草地、绚烂的花坛、宽阔的水体等景物一一引入，烘云托月，共同组成丰富的景象，创造出清新隽永，自成一格的塔空间。人行园中，可以从远近不同视角欣赏方塔，或隔水而望，或登高而眺。塔亦显得格外凑趣，时隐时现，忽高忽低，人行亦行，人止亦止，构成流动变幻的景象，给游人以极深刻美好的印象。在这里，传统的造园手法和基本布局框架依然存在；水面仍为全园的中心，绕池筑路，建筑亦多依水体而展开。但对各历史建筑均努力用现代园林空间加以组合、展示。而新建的茶厅（何陋轩）、入口门架、亭、榭等建筑则往往在采用传统建筑语汇的同时巧妙得体地展现出现代建筑的结构魅力，表现了传统精神与现代内涵糅合的全新意境，可谓不漫求其“形同”而力争其“神似”。这实质是对“继承”的更高层次的理解，是一种极宝贵的探索。

如果说豫园东部的重建是凭借对传统园林的充分理解，亦步亦趋，成功地再现了古园风貌；大观园的建造是借鉴传统，并有限度地融入了作者的新理念；那么方塔园的建造则是既充分理解、借鉴传统，又大胆出新，给纯正的古建筑提供一个现代的展示背景，是继承与超越的结合。方塔园从甫建成时的非议纷纷，到今日的众口称赞，正说明人们审美观的逐步变化，也证明该园的设计具有超前的魅力（图 3）。

“落红不是无情物，化作春泥更护花”。

在今后的园林建设中，除个别修复项目外，对传统的照搬已经不太可能，象大观园这样基本采用传统手法的仿古园也有一定的发展限度，但如果离开了传统文化土壤的滋养、生发，离开了对传统文化精髓的继承、理解，我们又怎能拥有如方塔园这样的传世之作？只有深深扎根于斯，我们才有可能推陈出新，创造出无愧于祖先，无愧于时代，真正属于自己的好作品来。

从豫园、大观园到方塔园，发端于传统的中国园林之路应当是越走越宽的。

本文为参加第三届“中、日、韩东亚园林探讨会议”所撰写的论文，与朱宇辉共同完成，写于 1999 年 7 月。

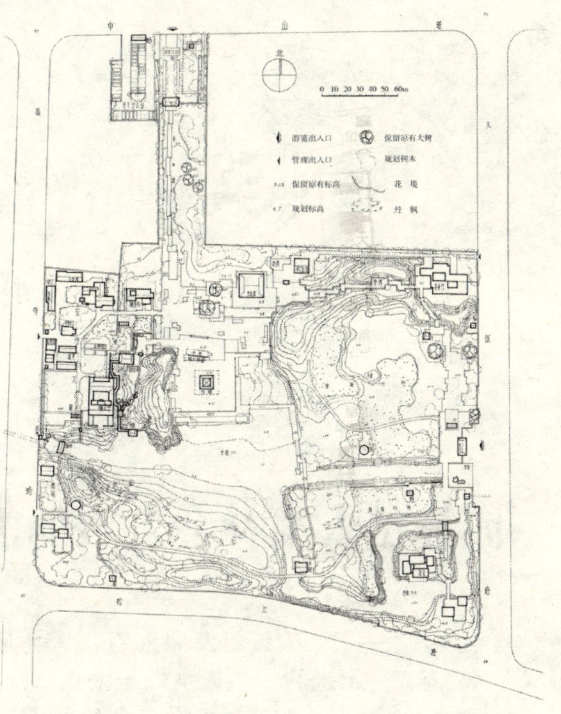

图3　方塔园平面图

园林是人类社会发展的需要

从历史发展来看，人类是自然的产物，我们的祖先是从森林中走出来的。当人类处于采集、狩猎时代，以穴巢为居，果兽为食，叶、皮覆体，完全依附于自然，生活在大自然中。待到耕耘种植时代，人们集居而建立了村落城镇，日出而作，日落而息，与田野朝夕相处，仍生活在自然怀抱之中。只有少数帝王、贵族终日在宫廷城池里，离开了自然，因此他们除了郊野狩猎游乐之外，开始有意识地把一些树木、花草、山石、水体以及虫鸟等引入到他们生活的庭园中，以增添自然的情趣。随着社会的发展，更多的人进入了城市，离开了田野，离开了自然，而那些帝王、贵族、豪绅则以大量的钱财来建造有园林的宫苑、府邸、别庄、花园，供其享乐。随着资本主义的产生和发展，城市不断扩大，越来越多的人背井离乡，远离了抚育他们成长的自然环境，而被迫索缚在污秽的城市里，喧嚣的机器旁。失去了清新的空气、明媚的阳光，看不到绿色的原野，听不到悦耳的鸟鸣，因此在阶段社会里，劳动人民不仅在政治上受压迫，经济上受剥削，而且无形地被剥夺了享受自然的权利。

从历史的记载来看，不论是古巴比伦的空中花园，还是路易十四的凡尔赛宫苑，不论是我国历代帝王的宫苑，还是一些私家庭园都说明了这一事实；那些有权有势有钱的统治者当其具有一定物质条件以后，并不单纯满足于豪华奢侈的宫廷或官邸，而要修建园林，以满足其休息、游乐、炫耀等多方面的需要，裨上反映了他们渴望接触自然，享受自然的要求，以及表达其精神上的喜爱、情感和愿望。受统治的广大臣民、老百姓，终日为衣食而奔波操劳，何以有钱财，有情趣，有闲暇去涉及不可食、不可用的“软园林”呢？而只有当历史发展到工人阶级觉悟起来，经济生活有所改善以后，其向往自然，追求自然的潜在愿望和感情才被人们自己所意识到，并释放出来。因为人与自然历史有着不可分割的渊源啊！

近百年来社会经济的发展，促使人工环境不断扩大，并迫使自然环境更为衰退，引起了一些有识之士的担忧，越来越多的人逐步认识到，人不仅要有社会的生活，也永远脱离不了自然的孕育，希望在令人窒息的城市中寻得自然的“窗口”，在“人工沙漠”中建立起人为的“绿洲”。为了这一目的，人们一直在追求、探索，认识也在发展提高。宅园花园、公园、自然公园等各类园林被人们采用，发挥了积极的效益，已逐步成为社会生活的需要和组成部分。就近代的历史可以摘出几个片断为例。

资本主义盲目的发展产生了一系列的社会矛盾，有些人希望通过一些改革来解决，其中英人霍华德提出“明日的田园城市”的设想和方案就是一例。希望通过控制城镇规模，调整人工与自然的关系等措施来改善人们生活的环境，解除城市的弊病，消除某些社会矛盾，这些脱离政治和社会的乌托邦当然难以实现，但却反映了人工与自然相互交融的愿望是很可贵的，至今为人们所赞赏。

第一次世界大战后，世界经济很快恢复并发展，人口更加集中，城市越来越大，矛盾也更多，人们已感到只是建造房屋扩大城市并不能满足人们生活多方面的需要，在 1933 年雅典召开的国际建筑会议中，明确提出了要在城市中建造公园、运动场和儿童游戏场等室外空间，并要求把城市附近的河流、海滩、森林湖泊等自然风景优美之区供广大群众使用。自此以后，逐步形成了一套从功能出发考虑公园体系的各种理论和方式，反映了当时人们已经认识到自然环境在城市生活中的积极作用，在城市规划和建设中受到重视，园林绿地在城市中得到落实，占有一定比重。但是世界战争的炮火，粉碎了这些设想。

第二次世界大战以后，科学技术、经济文化得到更快的发展，人们物质生活提高的同时，生活的环境质量却在下降，三废的污染，绿色的消失，生态系统的破坏，危及到人自身的生存令人反思。随着环境科学、生态学科的形成，《寂静的春天》的出版，1973 年《人类环境宣言》的发表，使人们对自然的认识有了更大的提高。人们不再满足于单纯的物质享受，炫耀人工环境的高超，而更深地要求保护人们所赖以生存的自然环境，要求在人工的环境中再现自然的天地，把绿色植物引入了建筑，室内外融为一体，建筑庭园化，城市园林化成为大家争取方向，园林绿地受到重视和提倡，园林不仅是人们的休息空间，而且是人们获取自然孕育生机的地域，提出了各种见解和理论，其中虽有些差异，却具有共同的倾向，着重研究人工与自然环境的相互作用和影响，相互渗透，相互补充，为人类创造一个美好的生活和工作的环境。1977年在智利马丘比丘的国际建筑讨论会上提出“建筑、城市、园林绿化的再统一”，也就是人工环境与自然环境的统一，统一在“环境”之中，这个概念反映了人们对园林有了新的理解，把园林作为构成人类环境的一个重要组成部分，是人类社会生活中不可缺少的一个组成部分。

现在20世纪80年代面临着21世纪的到来，一方面人们对未来充满了信念和信心，另一方面对人类生存的环境表示担忧，这正是环境学、生态学需要研究的问题。其中之一是希望实现人工环境和自然环境的融合，而园林则是实现这一境界的重要条件。1986年在日本大阪城市绿化战略的国际会议上进一步提出要给予城市以新的“自然活力”，应该将自然和谐地组织到现代城市环境中去，应该运用我们的聪明才智在城市中恢复自然，保护自然。对园林的数量和质量提出了更高要求。

从马列主义社会发展的观点来看，人类经历了原始社会——奴隶社会——封建社会——资本主义社会——社会主义社会，并最终要逐步向共产主义方向前进，形成；无阶段——阶段分化——阶级消灭的发展过程。从人与自然的关系来看，则经历了溶于自然——自然包围人工——人工与自然的分离——人工破坏了自然——人工与自然相融合的过程。这个过程反映了环境关系的变化，也是人对自然认识的发展，同时也是社会发展的需要，消灭三大差别是我们人类社会的理想，而人工与自然的共存共荣则是人们对环境的愿望。保护好自然环境，开展绿色运动，使园林建设与经济建设实现同步已成为共同关心的课题，作为园林工作者的我们，则更肩负着这一光荣而艰巨的责职，我们既需要通向未来，又应该把握现在。责在于今，利在千秋。

本文为1987年“人与园林环境”问题报告会发言稿。

中国传统园林"半园"的设计

——美国国家植物园中的中国庭园

一、中国园的含义和特征

中国园林是中国传统文化的重要组成部分，具有悠久的历史，以其特有的风格丰富了世界文化。

1．"园"的含义

象形文字的园，反映了园的基本组成。

概览中国传统之园， 乃如左图所示。它把建筑、山水、植物融于一体，将人工美与自然美结合起来，在有限的空间范围内，创造出一个景色丰富，情趣盎然，可观赏、可游乐、可生活的"园"。

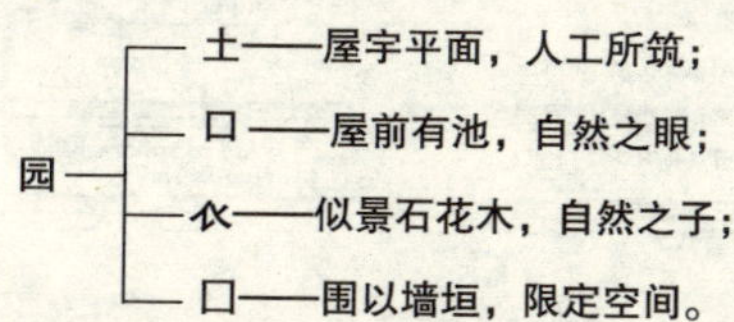

2．观念特征

中国造园，受到儒家、道家和佛家哲学思想和伦理观念的影响。儒家重伦理轻功利，文人雅士自持雅洁，将"情"、"义"引入山水之间。

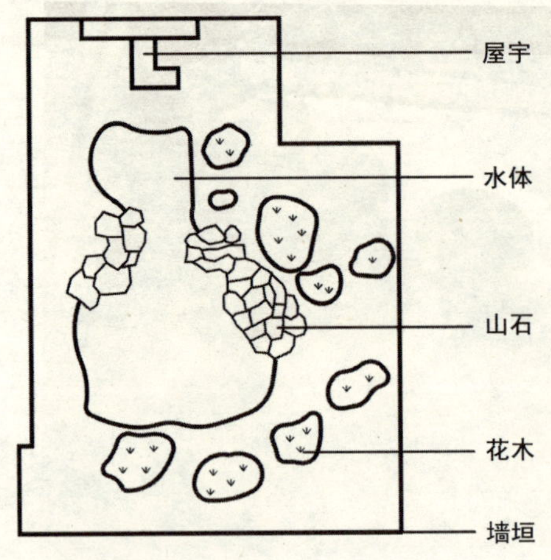

图1 中国传统之园的含义

道家的阴阳学说成为选择“风水”的依据，而其“崇尚自然”、“返璞归真”的思想和佛家“超尘脱世”、“清境无为”的观念则是造园者依托所在。这些影响所汇，使中国园林既追求理想境界，又重视现实实际，既有感情的倾注，又要顺乎“天理”，既是艺术的精品，又是日常生活的环境。从而构成了特有的造园观念。

造园中还追求其“神”，寻求其“意”。讲究“弦外之音”。

这些传统的造园观念，既古老朴质，却符合现代人类复杂的精神生活的需要，引起了人们的关注，并从新的概念来理解和发掘中国园林所具有的内涵和价值。

3. 造园的特色

中国造园在世界领域里独树一帜，其特色概括于；

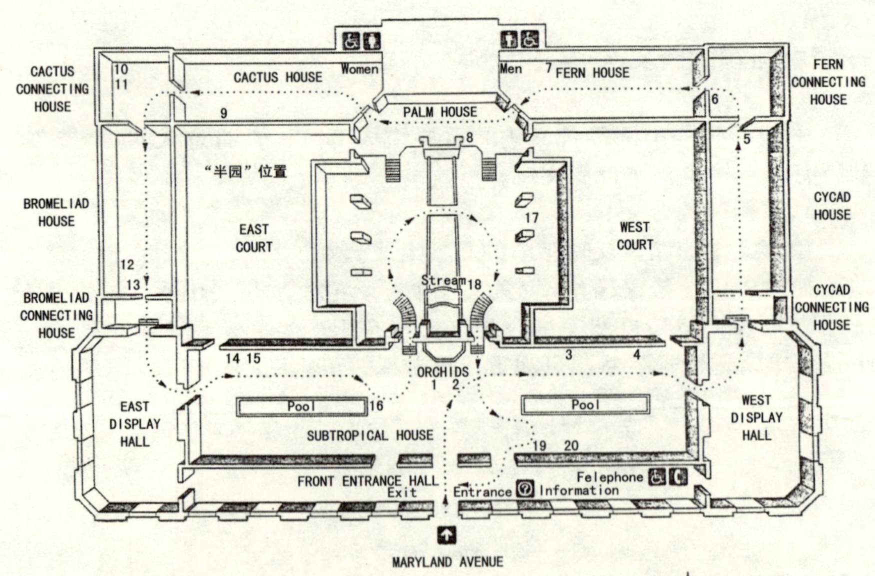

图2 “半园”的位置

中国园以效法自然山水为风尚，常叠山引水，并将厅、堂、亭、榭等人工建筑与山池树石等自然因素融为一体，成为“虽由人作，宛自天开”的自然山水园。

图3 “半园”模型

中国造园，特别是“文人园”孕育于华夏深厚的文化沃土之中，受到绘画、诗词、文学和戏剧等多种艺术的影响，讲究“诗情画意”，寓情于景，寓意于景，追求情景交融，联想生意的境域。

在空间上运用墙、廊、山、石、植物构成既分隔又联系的统一体，开合、高低、明暗、大小曲折多变，层次丰富，有小中见大的效果。园林中的建筑常处于主景的控制地位，居于艺术构园的中心，并形成符合伦理的布局。

二、“半园”的设计

基地位于华盛顿美国国家植物园的东院内，面积仅 4100 平方尺（合 380 平方米），在此特定条件之下，欲现中国传统园林之主要特征，姑以“半园”称之。

1.“半园”之立意

其一，“半”字指本园位于植物园的东院，和另一部分——西院相对应，并与将建于西院中的伊斯兰园（或埃及园）有东、西方文化的异根，互补之意。

其二，“半”也是方案为适应狭小基地的条件，采用的一种特殊设计手法，将主要园林组成要素取其一半，以半示全，表达含蓄、隐晦、神秘的意韵，也留下余白，参与再创造。

2. 设计构思

受基地条件所限，必须充分利用空间，其周围植物园的形体既要屏蔽，又要适当借纳其绿色环境，在总体上形成园（植物园）包院（东院），院包园（半园），亦中国造园惯用的园中有园，园中有院，丰富多彩的布局。

设“四季厅”坐北朝南，控制全园，并以廊、亭与其呼应，形成一体。以“半”示全，隐晦、含蓄，另有墙、廊隔成多种空间，程序变化有节奏。

中国园崇尚山水，有“仁者乐山，智者乐水”之理，并喻山石显阳刚，水面示阴柔，阴阳相辅形成宇宙之基。半园以水为中心，布以山石，加以池、涧、泉、瀑相错，岩、谷、洞、壑相间，山水交融，刚柔结合，咫尺之地，聚山水之精华。

再引步道，敷以铺地，桥、汀越水而遇，花草相映，树木扶疏，人工与自然融为一体之“半园”成矣！

立匾、置书画于园内，请名人高手题词作画。借诗词、书画表达中国之文化。并设碑铭志，不断将重大事件、中美两国文化交流铭刻于上，随着时间的延续，由游人共同享受和创造“半园”的价值和意义。

3. 布局组景

四季厅为主体建筑，是观景、休息、聚谈、宴请之佳处。主轴线上建高墙，使其对称部分隐去，整体上避开其北、西的两座大温室。

廊和亭与四季厅相呼应，互为视点，并作为全园的辅助观赏点，从两侧观赏四季厅所见不到的景象和效果。

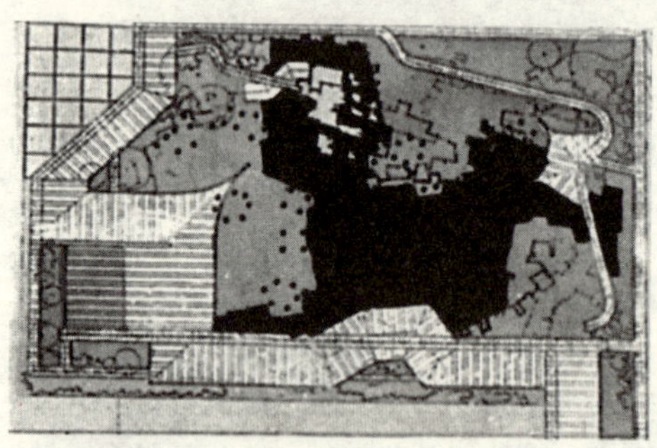

图4—a 春淙

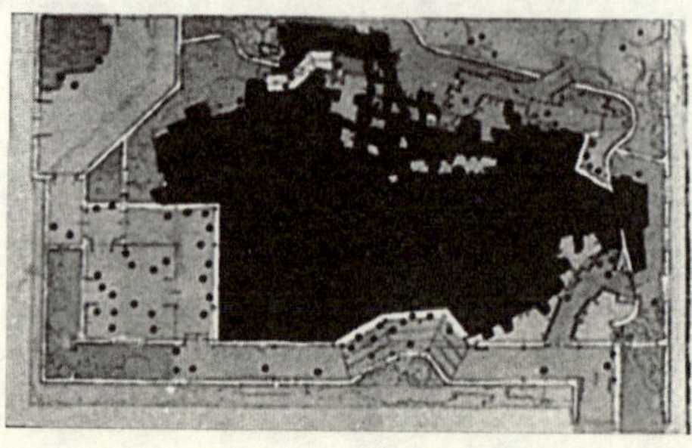

图4—b 夏泱

水面踞全园中心，使园显得开阔、畅朗。其东、南叠石，形成假山。

东南两片粉墙上下起伏，前后推移，既是主景的背景，又以墙的线型和光影与山水形成生动丰满的整体。东西两个小院使其成为与植物园绿色植物相接交替之处。

西南、东北设两入口，由植物园热作馆上二层可俯瞰全园。

园中粉墙如白纸，花木为绘，空间层次丰富，各视阈依框成画。

4. 游线与景观序列

景观序列是中国造园的一

大特色，运用其开合、隐显、大小、明暗等变化给游人以丰富的感受和艺术性的效果。

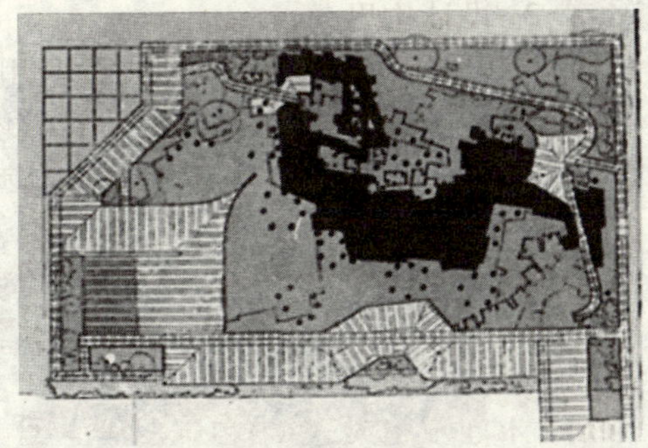

图4-c　秋朔

全园有四种游览线路，其中最佳方案为以西南入口为起点，向游客呈现中国情调的院门，并进一步展示小院、花窗、树石小景。“承”上启下，隐显叵测，以小空间积聚人们对大空间的期待。经过婉转的长廊，它是景的流动意趣的转折，是“承”的变奏，以窄、暗的空间积聚高潮的惊奇性。紧接着捧出的是整个豁然开朗的院落景致，阳光、水面、绿荫所带来的清新感、应接不暇的景物和突然变大的空间、尺度，使人惊喜。富有层次空间感，轻盈的檐角，错综的山石之胜，引人遐想。

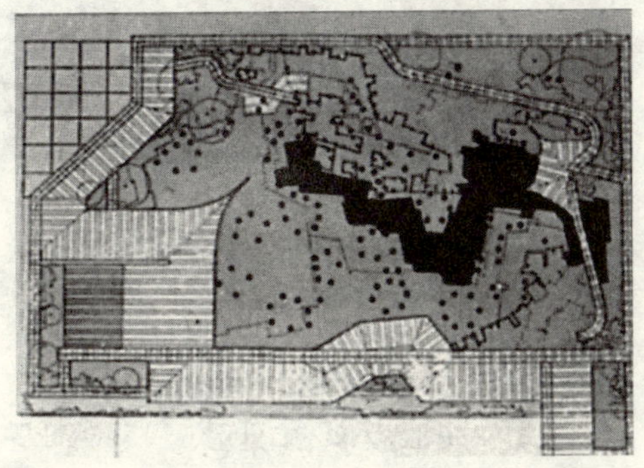

图4-d　冬枯

转折至四季厅。四通小院，绿荫顽石，身临其境如置自然。景物深远，清音有余；水面随池底高差而色块交叠；逆光涟漪使园景更为光彩斑斓，虚灵深远。

游人沿途徘徊山水之间，迂徉庭院内外，感受“向背”、“刚柔”、“开合”的对立和转化，体验跌宕、高纵的情感，领略时空变异的意趣。随着主题的数度变奏，使人进入了与宇宙共生的“道”的境界。

结束整个游程，希望游者对中国的园林、华夏文化的内涵，有了几分领悟或感受，并经历了一次“自然”的洗礼，他对宇宙的理解更进了一步，他也就离他自己更近了。

5．山水与植物

中国造园重视自然的依存和其变化，不同季节，景象相异，以喻宇宙之转换，亦抒人之心情。

园之中心为水面，水位随人工控制四个不同的标高，而形成不同的水面形状，构成溪、涧、河、湖的意象。水由源头成飞瀑直下，形成水帘洞或滴滴清泉。随着季节转换，而以春淙、夏泱、秋朔、冬枯之景加以反映，再辅以气温，光色和植物的变异，而构成水体的春绿、夏碧、秋青、冬墨色彩之变，丰富多彩。

石峰由黄石叠成，地面由黄石和卵石铺砌。山水相辅，石刚水柔，

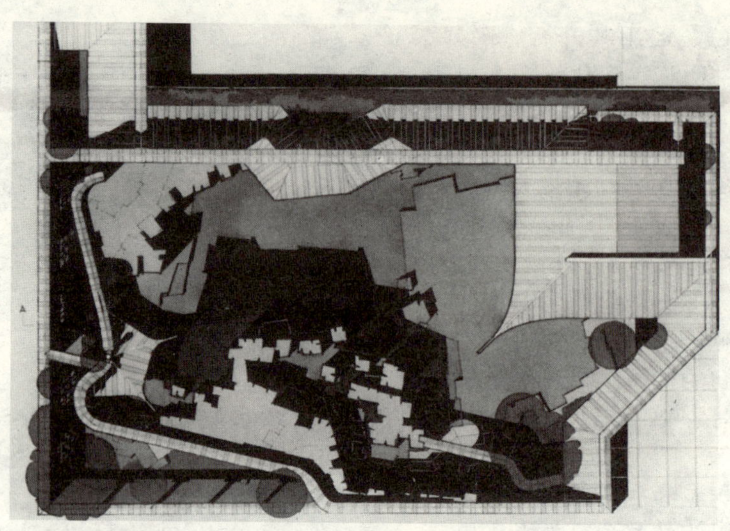

图5 "半园"平面图

相依相存，交相辉映。黄石假山，以墙为纸，以树石为绘，犹如一副中国山水画。从外部看，峰峦峭壁矗立水中，咫尺山林；内部看，峪谷纵横，洞壑蜿蜒，水萦迂绕，蹊径槃回。

园内种植应以中国造园，特别是文人园中常用的树木花草为主，以达到中国园的整体效果。考虑到华盛顿的气候条件和植物园内部的小气候，认为可选用五针松、罗汉松、樟、竹、梅花、腊梅、海棠、紫薇、六月雪、石竹、南天竹、石榴、葡地柏、凌霄、常春藤、木香、紫藤、萱草、虎耳草、杜鹃、迎春及兰花、菊花等。

山顶、崖缝以较矮的常绿、落叶树配置，虬枝盘错，古意盎然，岩壁攀缘植物缠绕，灌木适当掩盖池岸，整个山林莽莽苍苍，青翠欲滴，山林内侧枝叶相接，浓荫蔽日。四季花木，春芽夏绿，秋色冬骨。

全园山水草木因四时风月而景色万千。

6. 活动与容量

本园可供多种方式的活动。人们可游憩其间，爬山、涉水、穿山、过洞、驻足、听瀑、闻香等等。供各种游客参观游览，或作宴请、展览、讨论之用。人静息园中，瑟瑟林风，淙淙跌瀑，无限悠扬；或可作研究之用，译读文字，推敲构造，体会时空，破译创造意图。深者得其深，浅者得其浅，既雅俗共赏，又显示丰富的艺术审美层次。

该园位于美国华盛顿国家植物园（The United States Botanic Garden，Washington D.C），由于该园位于美国国会大厦的左前方，地位重要。根据美方的要求结合该植物园的改建在其东部庭院建一中国庭园（西部庭院建伊斯兰庭园）。由于地方狭小，乃以中国的半亭、半廊、半轩来布置，以半示全，称为“半园”。亦含谦和，自贬之意。

该方案为1990年底所做，并做了模型，写了介绍，美方乃将说明译成英文，并复印彩色画框于其中。该方案受到美国植物园主任及有关人员的赞赏。

该园由陈从周先生提名。本文是在吴伟老师撰写之初稿的基础上，经本人修改后形成的。

改善上海绿地环境的三个举措

上海人口众多，绿地很少，与现代化的国际大都市的要求差距甚大。随着经济的发展，人们生活质量的提高，以及浦东新区的开发与开放，近几年来上海在绿地建设方面作了多方努力，以图改变落后的现状。其中浦江两岸的滨江绿带、浦东中央公园和外环线绿带的建设即为其重要举措。

上海在发展，城市在扩大，电视塔耸立，三千幢高楼升起，高架路在延伸，三座大桥横跨浦江……上海正在向国际大都市的目标前进。但上海又面临人口多，用地紧，绿地少，城市环境不尽如人意的情况。近几年来上海正采用多种方法来改变城市园林绿地滞后，与国际大都市不相匹配的状况。特别是利用浦东新区开发开放的机遇，提出把上海建设成清洁、优美、舒适的生态城市的目标，其中位于城市中心地段的浦江两岸滨江绿带，位于浦东新区中心地段的浦东中央公园以及位于上海外环线的环城绿带的生活环境、生态环境和投资环境带来积极的作用，仅此作简要介绍，并希望得到大家的指教。

一、浦江两岸的滨江绿带

上海城市依浦江两岸发展，其中心地段（约 2 公里长）将成为上海国际性经济、金融和贸易的中心（CBD)。该地段的规划建设在上海的发展中占有重要地位，而其两岸的绿化布局则是反映上海国际都市风貌的重要组成部分。

1. 外滩的发展与改造

今日的外滩（浦西滨江段）在百年前仅是一条纤道，后曾为外国租界地，到20世纪30年代已成为汇聚有多国金融、贸易的繁华地段。随着时间的前进，自20世纪50年代以来对外滩进行过多次改建工程，其中之一是在滨江修建了一条长约1200米的绿化步行带，改变了以往以码头航运为主的格局，为大众提供了一个游憩观赏的人性化自然环境，受到群众的喜爱。由滨江绿带和“万国建筑博览会”的建筑群构成的城市景观多年来已成为世人心目中“上海形象”的一个标志。

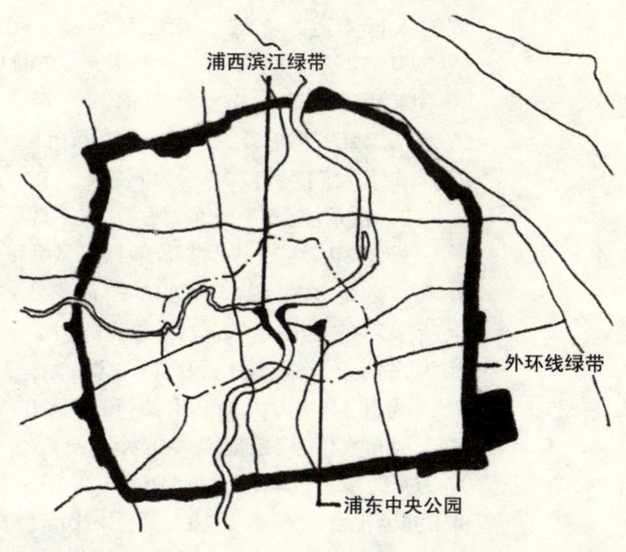

图1　滨江绿带

但随着时间的进展，20世纪80年代的外滩已无法满足形势发展的需要。反映在：①受上海地势下沉的影响，在洪水汛期江水常溢过标高5.8米的汛墙的顶部，给城市带来危害；②原有路面无法满足车行交通发展的需要；③原有的滨江绿带步道难以适应每天约10万人游息观光的容量，显得拥挤不堪，与上海这样的大都市很不相称。

因此，在20世纪90年代初对外滩进行了又一次大规模的改造。①提高了防汛墙的标高（按千年一遇的7.0米为依据）；②将其防汛墙外移了10~15米，增宽了车通（由6车道改为10车道）；③防汛墙采用了厢式结构，在其内部空间作为商业、停车场之用，而其厢廊的顶部平台有10~20米

图2　浦江两岸断面图

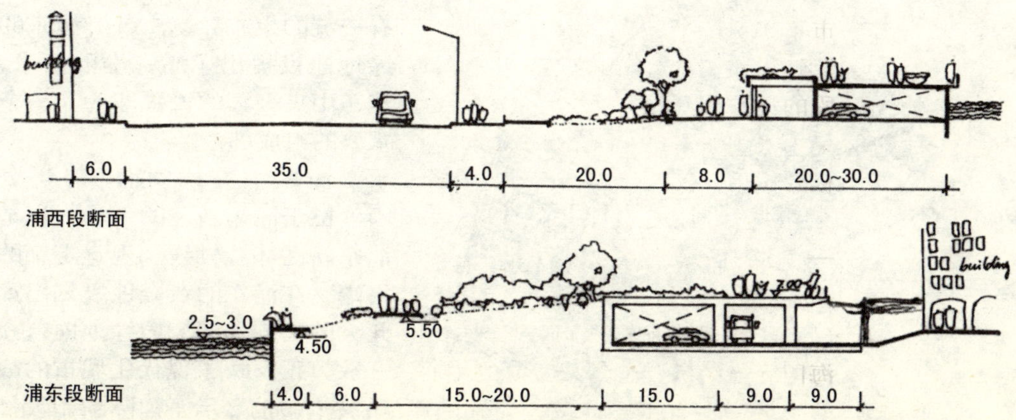

宽的人行步道，布置了花坛及坐凳，可以容纳大量的游人逗留观赏，西望“万国建筑博览会”的多彩景色，东眺明珠电视塔（446米高，亚洲第一）和不断涌现的浦东高层建筑群。显示出作为一个国际大都市所具有的气魄，为上海添了新景，得到世人的好评。但遗憾的是，由于防汛堤的阻隔，而影响了人们观赏和亲水的效果。

2. 浦东滨江道（东外滩）的构思和实践

外滩相对应的陆家嘴地段，如同一个突出的舞台，其滨江道（东外滩）则是镶在舞台沿边的一条彩色绿带，故该绿带除了烘托“舞台”上所展示的电视塔及高层建筑群外，还应与浦西的外滩有呼应的关系，并共同构成上海滨江区的新景观。

为此，应为大众提供尽可能多的绿地面积和与水亲近的条件。但由于原规划红线已定为50米，使绿带的布置受到颇多限制。乃将防汛堤、游览步道、车行交通和绿化采用立体综合的方式来处理，将标高7.0米的防汛堤设在最后边，利用其高差的空间在其下设置车行道和停车场等，这样就可将50米的宽度做成一个绿色斜坡，并按防洪的要求和水位变化的规律，在标高4.5、5.8米和7.0米分别设置了游步道和小广场，使游人的活动不会受到车行的干扰，游人既可濒临江边，满足其亲水的要求，也可与堤内的建筑相连接，并可给游人在不同的标高而得到不同的视觉感受。同时使建筑物与水体之间有一个绿色的衬托，构成有现代特征的新景观。斜坡型的河岸也更有利于潮汛的涌入和排洪的需要，保存了河流的形态和生态。

二、浦东中央公园

浦东新区作为长江经济带的龙头，其开发和开放一直受到世人的关注。要把浦东建设成为面向21世纪的一流城市，不仅要有一流的经济基础和物质条件，并且还必须有一流的生态环境。就对浦东的绿地建设提出了高标准的要求，浦东中央公园的设置即为其一个重要的组成部分。

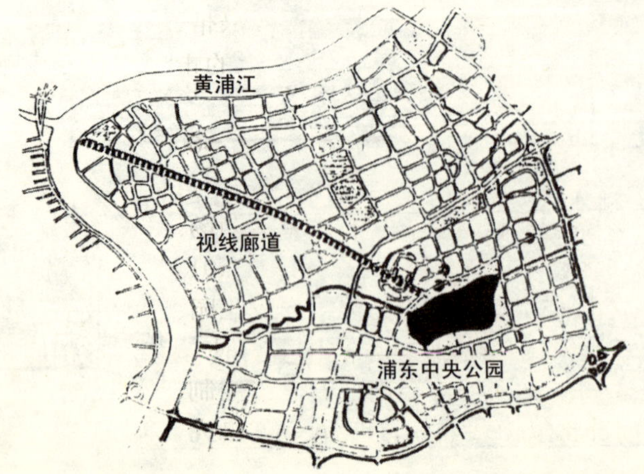

图3　浦东中央公园位置图

浦东中央公园面积140公顷，位于浦东新区的中心，也是浦东新区环境轴线和视觉走廊的终端。在浦东的黄金地段划出如此大的面积作为公园绿地向公众开放，正反映了现代化城市的战略决策，也显示了国际新型大都市的风度和气魄。

该公园在总体规划中的性质为：改善城市生态环境、美化城市、供市民游憩的、新型的、生态型的市级综合公园，也就是该公园不仅要给上海的市民提供消遣、娱乐、休憩的绿地空间，并且如同一个“绿肺”，再以“绿脉”延伸出去，而形成一个比较完整的绿地系统，将给浦东的生态环境，人们的生存环境产生持续的效益，为建设一个人工与自然相协调的新型城市产生积极的作用。

为了突出生态园林的意识，该公园的规划当以植物为主体，由大块面的树林、草地、花卉、地被植物等组成自然型的城市公园，并利用基地内的水系，开挖湖面，以体现浦东依江傍海的水乡特色。也就是运用人的智慧再建一个人化的自然环境。

为了使该公园能体现最新的构思和具有国际第一流的水平。故除了委托同济大学作了探索性的方案以外，并邀请了日本、英国、法国、德国和美国有代表性的单位做了概念性的方案，经过专家多次讨论评议后决定采用英国LUC的概念性方案，再由上海园林设计单位具体化，反映了对该项跨世纪工程的关注和慎重。可视为纽约中央公园一百余年后在中国的一个范例。现第一期工程约20公顷已初步建成，对外开放。

三、环状绿带

自20世纪60年代以来，一些发达国家陆续提出要按“环境时代”的要求来考虑大都市的发展，按照“绿色城市”、“生态城市”的理念来规划布局。常用大面积的绿地来分隔城市，或采用宽阔的绿色环带来限制大都市人工化用地的膨胀。并有利于城市环境的改善。

对上海来说，由于过去对绿色环境意识的薄弱，而导致城市中绿色的匮乏。虽然按规划在上海城区中将设置100块公共绿地，但其面积较小，难以达到改善城市生态的要求。乃结合上海城市用地和道路建设的具体条件，决定在上海外环路的外侧建立一条500米宽的绿带，以防止城市用地的扩展，和改善城市的生态条件，同时也为上海的市民提供接触自然进行休憩活动的场地，也可提高城市的绿地指标。

上海环城绿带位于总体规划外环线的外侧，总长97公里，宽500米，总规划面积为7241公顷，由100米宽的林带和400米的绿带所组成，将形成“长藤结瓜”的布局，在该绿色“长藤”上将有体育运动场、主题园、娱乐园、儿童乐园等10个瓜，并将为上海新增公共绿地4012公顷。同时，绿带范围所涉及的农业也将改变其农业结构，形成花园、果园等观光农业。同时还将建设低密度的别墅区、休疗养院等，使该绿带成为多功能的综合旅游、休憩的场所。该项目在用地上已经控制，并有部分地段已按要求种植林木。预计将以10～15年的时间全部建成，

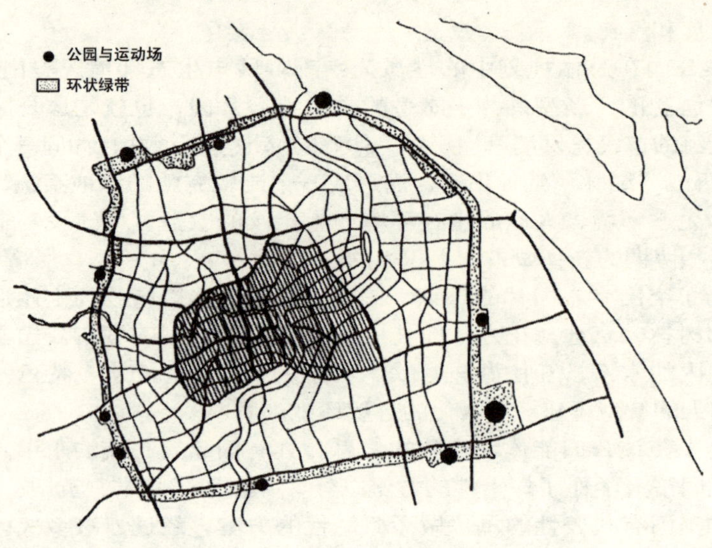

图4 环状绿带

届时，该环境绿带宛如上海的绿色城墙围绕着上海中心城区，对改善上海的生态环境将会起到积极的作用。

本文乃与刘立立老师共同完成，为参加1997年12月大阪市立大学主办的“世界七个大城市的情况看世界大城市环境研讨会”的中文底稿，其文以英文发表并刊载于论文集内。

生态旅游必须重视和发挥规划的作用

生态旅游是旅游活动的一个新趋势，它是基于可持续发展的理论，去平衡资源保护同旅游开发的矛盾。但是，国内外的许多事实表明，由于缺乏科学的生态旅游规划，往往事与愿违，适得其反。因此，生态旅游规划应该先行，才能有效地维护自然生态系统，做到生态、经济和社会效益的真正统一。

生态已成为当今世界的热门话题，保护生态、宣传生态、运用生态规律，以使人类有一个更美好的生态环境是其目的。

“旅游”是社会、经济、文化和科学发展到了一定程度必然兴起的事业，是人类经济和文化生活不断提高的标志。作为一项既有益于人身心健康，又有利于生产力发展和社会进步的活动，它已成为现代人生活中的一项内容，也是世界上最有发展潜力的产业之一，并愈来愈被吸引到许多风景优美的自然境域。既要大力发展旅游事业，又不允许破坏和污染自然，这就产生了生态旅游这一概念，以协调和平衡环境保护与旅游开发之间的矛盾。

生态旅游是近几年发展起来的高层次的专项旅游活动之一，是回归自然之旅，是绿色之旅，是维护生态之旅。它是在未受或少受人类活动干扰或者经过人工重建和恢复的自然环境区域内，在科技导游人员指引下，组织旅客进行自然景观的观赏、游览、考察，以满足旅游者的需求，提高人们的生态意识，并使地域环境得到保护，生态旅游的资源得以永续利用的旅游活动。它的出现主要基于两个原因：其一，人们希望逃离繁忙、喧嚣的城市环境，回归自然，向往“原始”的自然环境；其二，资源与环境的保护要求限制旅游开发，控制游客量，以切实保护地球上现存有限而宝贵的自然生态境域。

就大陆而言，生态旅游尚属刚刚起步，并主要在政府为保护自然区域而划定的风景名胜区和自然保护区中展开。其中，风景名胜区规定应具有观赏、文化或科学价值，自然、人文景观比较集中，环境优美，可供人们游览、休憩或进行科普教育活动的地区，具有一定的规模和范围。其主要作用包括保护生态、生物多样性和环境；开发科研和文化教育，促进社会进步；通过合理利用，产生经济效益和社会效益。自然保护区则是开展自然资源和环境保护的科研基地，其任务是研究和采取有效的措施，保护自然综合体及其生态系统，使已遭破坏或人为影响的得以保护和恢复，尚未被破坏的得以及时保护。有些自然保护区中的局部地区，经过规划整治，也可开放供旅游活动之用，“亦即明确了为了保护这些地域进行了行政上的措施，以达到保护好、利用好、管理好的要求，以达到供人们永续利用的目的”。现在大陆已划国家级风景名胜区 119 处，加上省市级的风景名胜区共 512 处，占国土面积的 1%。1993 年接待游人 3 亿人次，回笼货币 200 多亿人民币，产生了积极的社会和经济效益。但在开发利用中却出现了种种令人叹息的教训：

[例一]：湖南武陵源风景名胜区因其世所罕见的砂崖峰林地貌和丰富的物种资源、良好的自然生境而被评定为世界自然遗产，成为一个吸引游人的生态旅游点。但由于发展初期规划的失误，把张家界位于金鞭溪上游的锣鼓塔作为一个旅游接待基地进行开发建设，因大量游客的活动，以及长期以来缺乏符合标准的污水处理设施，使金鞭溪景区（非常重要的景观地段）的水体受到不同程度的污染，清澈的溪水常有污物出现，在河滩的砂砾石上留下污水的污渍；并且由于燃煤的影响形成酸雾，导致一些树林的枯萎。如若当时把旅游接待基地设在中湖（西边），就不会造成今天这种局面。

[例二]：黄山作为我国的名山，以其松、石、云、泉著称，是世界自然和文化遗产。其北海景区散花坞中有一株黄山松立于岩顶，颇为奇特，有“梦笔生花”之誉。但因附近北海宾馆用水需要，人工修筑了一个蓄水池，从而改变了该松的生态环境，促使其迅速死亡，令人叹息。

[例三]：在胶东滨海的最端处，有一被命名为“天尽头”的碣石，吸引着众多游人攀登眺望。该地的镇政府，出于“好心”沿石脊修筑了一条步行道并立碑，从而破坏了碣石的原有形态，实属画蛇添足之举。

[例四]：胶东烟台某海滨沙滩在 10 年前因采掘建筑用砂，受到严重破坏，荣成马兰湾的沙滩因 10 年前曾养殖水貂，修建貂房，留下瓦砾，沙滩被污，臭味扑鼻，原本一片美丽的沙滩旅游地无法发挥其应有的功效，令人后悔不已。

以上诸例均为笔者亲自参与风景区规划设计时所亲眼目睹，感触颇深。诸如此类的经验教训还有很多，笔者认为，其产生的原因主要有三个：一是缺乏全面的规划，二是规划者缺乏生态观念，三是当地领导建设开发急功近利，不按规划行事。鉴于生态旅游往往在敏感度高的有特色的生态环境中开展，许多自然生境一旦遭到破坏，就难以恢复和再生，就更增加了其开发带来的危险性。因此真正的生态旅游并非仅止于走进自然，而是能将旅游与自然保护相结合。制定科学的、因地制宜的、可持续发展的规划，是开展生态旅游的前提。旅游活动预示着自然旅游资源将在一定程度上受到改变甚至损害，必须采取规划手段加以防止和控制；而自然旅游资源也只有通过有意识的规划开发，才能创造出有吸引力的旅游环境。因此，生态旅游必须重视和发挥规划的作用，而规划的职能则在于科学地研究、保护和利用环境。

生态旅游规划必须强调合理开发的生态意识，应明确以下几点：

1. 规划目标：正确处理旅游与环境的关系，通过旅游活动宣传生态知识，促进生态平衡，维护和改善自然环境，使自然资源得以永续利用，旅游业也因此得到持续、健康的发展，达到旅游与环境之间的良性循环。

2. 规划思想：自然生态系统是一个动态平衡系统，人类只有对其加以正确的引导和控制，才可以在确保生态系统不受破坏的条件下为旅游业发展提供一个良好的场所。因此，规划必须立足于综合平衡的层面，在充分了解生态旅游资源、其价值、特点和相互间的作用关系的基础上，确定生态旅游的方式和强度，使之能满足旅游者的要求，有利于该地区的经济发展，从而获得最优的生态——旅游综合效益。

3. 规划原则：笔者认为主要应把握以下原则：

①将自然资源按生态特色加以分类处理、分级保护，不同的生态环境应按其不同的生物链而采取不同的利用方式和强度。

②旅游地规模设计应与资源的环境容量相适应，不应超过其生态稳定性和稳定性的阈限，以保持其有完全的更新能力为基本准则。

③水是生态系统中最活跃因素，应加强对水资源规划与科学管理，确保植被、动物的生存和旅游业发展用水。

④典型的原生性环境代表地段可设计为旅游观光场所，但不应破坏野生动物的生活环境和植物生境，在危险区设置明显的标志。所有的观光游览项目应取得周围居民和社团的认可和拥护，旅游活动带来的冲击能为当地所接受。

⑤旅游设施应与自然和人文景点用恰当的方式分隔，其规模、标准应针对相应的服务对象确定。

⑥在基础设施（道路、水电、垃圾处理、灾害预防等）不宜及达的地方，不应设置主要的旅游地或旅游活动项目；所有的设施和生态

旅游活动的设计都要考虑各种灾害的发生情况，确保游客安全和环境保护。

生态旅游规划的目的是在处理好保护生态环境的原则下，开展相应的旅游活动，获得社会、经济和科学的综合效益。其过程就是一个处理各种矛盾、探求科学合理划分区的过程。 而一旦形成，又为管理提供了强有力的依据，是应予先行的工作。

规划先行在城市规划中已经明确，在国外一些经济发达的国家公园规划中也得到肯定，在大陆的风景名胜区规划也有相应的规定。而生态旅游作为一种新生事物，又是一种高层次高品位的旅游方式，对旅游规划提出了生态层面上的新挑战。为保护生态环境与资源，保护旅游者的人身安全，并不断满足人们现在和未来对生态旅游的需要，必须重视和发挥规划的作用。

本文为1996年8月湖北神农架“全国旅游会议”发言稿。

世界园林中的两朵奇葩

——兼述中日园林的同异

中日园林是世界园林中的两朵奇葩。中国园林是本木，日本园林是接木。中国园林自陶渊明的“采菊东篱下，悠然见南山”的自然观到王维的辋川别业，白居易的庐山草堂直至明清的苏州园林，都显示了自然观为主的园林文化。而日本的园林从苑园——舟游式——回游式——茶庭——回游式+茶庭，是一脉相承的，具有特色的自然观的庭园。中国园林是有章无法，日本园林是有章有法的。

一、中国园林在世界园林中独树一帜，中国园林艺术是人类文化中的一颗明珠，它是中国文化思想的一个组成部分，是世界园林中的一个奇葩。

中国园林自周的“囿”已有三千多年的历史，秦汉的宫苑园林博大精深。而自晋朝以后文人雅士的私家园林发展很快，从陶渊明的“采菊东篱下，悠然见南山”的自然主义思想至唐代王维隐居的以自然为主的朴实的“辋川别业”,以及白居易自然朴素的“庐山草堂”,宋时的“洛阳名园记”中的私家园林，直至明清的被列为世界文化遗产的苏州园林而成为中国古典园林的代表。

南宋私家园林达到了“壶中”的世界，这些“壶中天地”的私家园林，

图1 网师园（中国苏州）

在极小的空间内体现自然山水的千变万化的形态，其艺术达到了极尽完善的地步[1]。这些私家园林更成为士大夫及文人雅士心目中日益确立的以自然、适宜、清净、淡泊为特征的人生哲学和生活情趣，追求内心的平衡及逃避现实远离社会，追求一种文人雅士所特有恬静雅致的趣味，浪漫飘逸的风度，朴质无华的气度和情操的场所。更有甚者，他们中有的遨游名山大川，以寄情于山水置身于山林之中，过着隐居的生活。他们复归至大自然中去，是为了寻找安慰，并企望从中补偿现实生活中难以得到的社会审美情感。这种崇尚自然的社会风尚，促使了艺术家产生表现自然美的极大情感动力。它势必会在文化上打上自己深刻的烙印。这就是中国“文人园”的文化背景和实际情况。

中国古典园林所以被世界所公认，具有以下特点：

1.“天人合一”的自然观。中国传统园林是要反映传统文化中的“天人合一”的思想，即自然与人是协调亲和的理念。也就是说，既要调整人与自然的关系，使自然尽量满足人类的需求和愿望，又要尊重大自然、保护大自然及其生态的平衡。“天人合一”所说的情景相融，构成的一种意境美，是生态平衡。园林是创造风景美的艺术，它的风格和景色特点，因人们对自然风景的理解是密切相关的。儒、道、佛三家也都主张

图2–a　日本枯山水案例一

图2–b　日本枯山水案例二

图2–c　日本枯山水案例三

人对自然要采取与自然建立一种和谐亲密的关系。这种“天人合一”的思想不正是现代哲学基础和现代园林所要表现的内容吗？

2. 自然美与人工美的统一。园林作为空间的造型艺术，它的美观表现在构成景物的各种物质组景的各种造型，也表现在它们组合起来的空间效果之中。山形、水态、花木及建筑的造型上都有其讲究的。我们的祖先是最早发现自然美，并将自然景色的美丽转化为人工美的巨匠。中国传统园林的自由、变化、曲折即是突出的表现，它出于自然高于自然。把人工美和自然美结合起来，从而达到“虽由人作、宛自天开”，形成了自然山水风景园的特有风格，堪称世界最精美的人工环境之一。这也正是现代园林所追求的目标。

3. 意境美的追求。意境美是艺术家通过观察自然景物和情感交流所产生的一种优美境界，它是客观“景”与主观“情”的统一的产物。它是艺术家创作所追求的目标，也是园林创作所追求的目标。中国园林通过物质手段来表达诗的意境，诗词又与匾额、石碑等形式道出园林意境主题，文学语言与建筑语言相结合，创造出风景美如画的园林艺术的境界。以诗入画、以画入园，从而使园林充满了诗情画意。制造景致直接将诗情画意揉进了园林，并且又是启发游赏者对自然发出情感的动力。园林的目的是使人愉悦、畅爽，从而使人进入崇高的精神状态。就是这种意境美，使中国园林具有这种特征，而使它位于世界园林之首。

二、日本园林发展早在6～8世纪，随着中国文化的传入，中国园林的模式，即被带到日本（如寝殿造的布局，三山一池的样式等），而11～17世纪，中国园林以及中国山水画的音韵，对日本园林的发展产生很大影响。

中国的造园术最早是随着中国佛教传入日本园林的，早期代表作也多为寺院庭园：静谧、纯净，采用原始素材，考究细部处理。古代日本方丈庭多自然植物景观，如芝庭、苔庭、草庭等。它们将自然植物生态的一部分移入园内，极富天然野趣。

宗教在日本一直处于重要地位，而寺庙神社在日本文化中，是重要的象征。神教和佛教结合产生净土宗，这种寺院在日本具有特殊的意义，多为舟游式庭园，被赋予自己传统文化的特征，这类宗教园林成为人们追求纯净、崇尚完美的“神往”之作。

中世纪（日本武士社会）是日本园林主要活动时期，日本经济处于停滞状态，日本的园林也受到了影响，园林规模越来越小而逐渐向简洁凝缩方向发展，而一向被日本人所尊重的石，则被更多地运用到园林中来，甚至成为寺院中具有象征意义的主景——这也即枯山水产生的渊源。

早期枯山水除用沙石以外，仍含有小块的地被植物，或小型的灌木丛。而其作品中耙出纹理的沙石，则是在追求精神上的“净、空、无”的洁净状态。特别是后期的枯山水，尽其简练、竭其纯净，无树无花，只用几尊石组、一地白沙，凝缩成一方净土。枯山水即成为大自然复杂景观的缩写。禅宗要再现自然的景观，创造与世隔离的理想环境。

另一种形式的庭园——茶庭则要突出精致的正式氛围。由中国传入的品茗文化，在日本经济复苏时期，发展成为一个极点——以“和、情、景、寂”为特征的茶道。其仪式繁多，茶庭的布置都不能简单随意。每块步石的设置都有特定用意（如主人石、客人石等），每株植物的选择都很讲究，室外家具均为一件件精美的石制艺术品（如石灯笼、石水钵等）。

历史上的园林艺术总是与社会经济密切关联，而王公贵族的回游园中，可看出这种形式的园林亦朝一个极端发展——精致之极。例如，对于园林植物的选择和搭配，在形、质、色上都无可挑剔；园中的建筑依然古朴，但仔细观察便可见其出自精工制作，连屋顶的草也细细修过，一丝不苟。

这种园林体现了日本贵族对完美形式的追求。园中设施似乎都很简单，实际上却精雕细琢，不带一点世俗尘灰。或许，这些内容旨在表现日本人对纯净境界的向往。

日本庭园从苑园到舟游式——回游式——茶庭——回游式＋茶庭，随着经济的条件和社会的发展虽有些变化，但差别是不大的，在艺术构思上是一贯的，形式上是一脉相承的。

最早日本园林受中国园林影响颇深，而后随着日本经济的发展，开始逐步脱离了中国园林的影响，而独立发展自己的园林特色，特别是枯山水，从写实走向抽象，使美形成一种缩景的艺术创作。无可否认，日本园林因其简洁而精致的美打动了世界各国，成为世界园林的另一奇葩，特别是中国长期处于停滞阶段，从而把日本园林当作东方园林的代表。而实际上从历史发展来看，按植物学的说法，中国园林是本木，日本园林是接木，而其根则为自然主义的思想。

三、中日园林的同异。东方园林均以自然为主，但由于中日的自然地理环境的不同，而反映自然造园的景色有所不同。

中国幅员广大，从东海滨到西方的帕米尔高原，南北跨越亚热带到北温带。这些辽阔的地域内山脉蜿蜒，大河奔流，海岸曲折，湖泊罗布，植物繁茂，景相丰富，大自然风景绮丽多姿，这些自然条件对于中国园景的创作提供了丰富的源泉，造就了中国园景丰富多彩的内容。而日本国土仅及中国的二十六分之一。因此园子的大小也就有差别[3]。

日本为一岛国，山多而不险，海近且辽阔，雨量丰富，溪短湍急，川浅迂回，气候温和，季节分明，森林茂密，植被丰富，又多佳石……这些自然条件构成日本多彩的自然景色，也给日本造园提供了丰富的资源。日本民族对自然的热爱，原本的追求，变异的敏感构成他们的特色，尤其是众多的海洋和岛屿、瀑布和叠山、岩石、溪流和湖池，以及沙洲、海滩构成日本园林特色[4]。

1. 理水方式上：中国园林有“以水为脉、以石为骨”的提法。而日本庭园有“始于水终于石”的说法[5]。中日庭园均以水为脉，这点是相同的。都以山水为庭园的自然资源。但日本邑园偏小，故而水体比中国要小，中国的水体大多称湖海，而日本则称池泉，常布置一个瀑布，以使静中有动的效果。

2. 置石：以石为中日园林的特色，但中国的石、山、山景与日本不同，故而在置石上有所差别。中国多湖石，讲究漏、透、瘦、皱而成为山峰或石洞。而日本则多花岗石或砂岩，讲究其石态和石组，并有石庭、枯山水等以石为主的应用。

3．植物：中国园林南北差异，植物品种要随地域而变化。北方以针叶树为主，南方以常绿树为多。在江南一带的私家花园，常以松、竹、梅岁寒三友为主，在种植上以自然景色为主。而日本庭园对植木颇为讲究，一般以阔叶的绿叶树为背景，前有针叶树，再前有刈剪成形的灌木丛，形成近有景观远有层次。一般松树是不可少的，另外枫树和樱花也是常用的树种。

4．建筑：中国园林是可赏、可行、可游、可住的场地。故而一般建筑较多，住屋、书斋、厅廊、楼阁等，各种形式、形体都要和周围景色和谐成为一体。而日本建筑相对较少、较小，然而做的比较精致，与周围环境容易协调。

5．小品：中国园林有其特有的围墙及月洞门、漏窗等。而日本园林中园门及墙垣，均采用竹、木自然材料所作。灯笼洗手钵及台阶等多用石头制作而成。

日本园林自平安时期就有《筑山庭传》讲述水池、岛屿、沙滩、瀑布等的手法，作为日本造园的基础之书，得到极高的评价。以后到了室町时代，又有《筑山山水传》和《嵯峨流庭古书密撰》等书。对土地所谓划分等有明确的说明,其他还有《筑山庭造传前编三册》和《筑山庭造传后编三册》及《石组园生八重垣传》上、下三册等书籍,对墙垣、石组、园门、洗手钵等细节手法作了描述，再加上真、行、草之手法，可谓有章有法，而对于创作上则是一种束缚[6]。对于中国园林而言，长期以来无书可循。直到明朝始有《园冶》出版,但书中也是“因地制宜”的提法。所以对中国园林而言，是有章可循（即自然观）而无法可依。

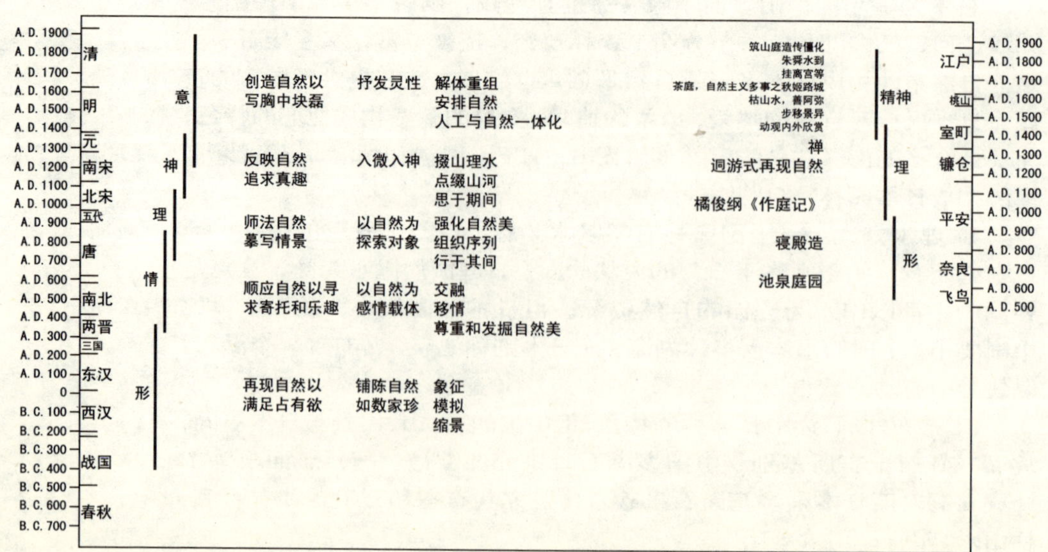

图3 中日园林按时间发展顺序的比较[2]

故而中国园林，特别是私家园林，是随园主各自的愿望而创作，形成自由度极大的特色园林。

四、中日园林再创辉煌。

中日园林是随各自政治、经济文化的反映。随着中国经济政治地位的提高，在某些国家建造了中国传统式园林，起到了宣传中国文化的作用。但是，中国传统园林是在封建社会下产生的，带有些不可避免的缺陷。但其中“天人合一”的自然观，“虽由人作，宛自天开”的造园手法和意境美的追求,这是应该发扬的。中国应该加强对“绿”和“理”的理解，做到“情中有理，理中有情，情理互补”才能为世界园林作出相应的贡献。

日本园林则应该在现有基础上，进一步加以现代化打破原有的束缚，那么其前途也是无可限量的。

本文为参加第6届“中、日、韩东亚园林探讨会议”所撰写的论文，由周珂同志翻译成英文，发表于联合国教科文组织亚太文化中心主办的《亚洲风景建筑学》期刊第二册（2006年8月）。

主要参考书目：

[1] 王毅．园林与中国文化．上海：上海人民出版社，1990：514－540．

[2] 冯纪忠．建筑弦柱．上海：上海科学技术出版社，2003：134．

[3] 刘庭风．中日园林比较．硕士论文，2000．

[4] 李铮生．日本庭园史简述．城市规划汇刊．1985，4．

[5]、[6] （日）板田二郎．日本庭园发展简史．洪本镇译．中国台湾：造园．1992：76．

生态旅游规划
——旅游地可持续发展的前提条件

生态旅游是旅游活动的一个新趋势。它是基于可持续发展的理论，去平衡资源保护与旅游开发的矛盾。国内外一些事实说明，由于缺乏科学的生态旅游规划，往往事与愿违。该文通过保护、调整、控制、开拓的实例以阐述开展生态旅游规划应该先行，才能有效地维护自然生态系统，做到生态、经济和社会效益的真正统一。

20世纪中叶以来，现代旅游持续高速发展，使得旅游业已成为三产支柱产业，长期居世界三大产业之列（另二者为石油和汽车工业），并继续呈稳定增长之势。旅游地的开拓与旅游方式的变迁也因此呈现加速趋势。然而，人类生态环境的持续恶化，已使环境问题成为我们时代所面临的主要问题。而旅游地又往往位于脆弱的生态敏感地区或景观敏感地区，游人大量涌入及开发利用不当往往造成当地生态环境急剧恶化。故此，为了化解利用与保护之间的现实冲突，具有双义性的生态利用模式应运而生了。它不仅强调在生态化解中进行旅游、游览和观赏活动，更强调在取得旅游效益的同时，要付出具体的行动来保护生态环境不受侵害，以确保旅游地的可持续发展。

生态旅游是近几年发展起来的高层次的专项旅游活动形式之一，是回归自然之旅，是维护生态之旅。它是在未受人类干扰或经过人工重建和恢复的自然环境区域内，在科技人员指引下，组织游客进行自然景观的观赏、考察，以满足游览者的需求，提高人们的生态意识，并使该地域环境得到保护、生态旅游资源得以永续利用的旅游活动。就我国而言，生态旅游尚属刚刚起步，并主要在政府为保护自然区域而划定的风景名胜区和自然保护区中展开。然而多年来，该类旅游地多在开发利用过程中造成无法挽回的过失，以笔者亲身实践目睹，典型的有：

1. 湖南武陵源风景名胜区因其世所罕见的砂崖峰林地貌和丰富的物种资源、良好的自然生态环境而被评定为世界自然遗产，成为一个吸引游人的生态旅游点。但由于发展初期规划的失误，把位于金鞭溪上游的锣鼓塔作为张家界旅游接待基地进行开发建设，由于大量的游人活动及长期以来缺乏符合标准的污水处理设施，使金鞭区景区（非常重要的景观地段）的水体受到不同程度的污染，清澈的溪水常有浮游物出现，在河滩的砂砾石上留下污水的污渍，且因燃煤的影响形成酸雾，导致一些树木的枯萎。如若当时把旅游接待地设在中湖（属另一个水系），就不会造成今天这种被动的局面（图 1）。

2. 黄山作为我国的名山，以其松、石、云、泉著称，是世界自然文化遗产。其北海景区散花坞中有一株黄山松位于岩顶，颇为奇特，有“梦笔生花”之誉。但因附近北海宾馆用水需要，人工筑了一个水池，因而改变了该松的生态环境，而促使其加速死亡，令人叹息。

3. 胶东烟台某海滨沙滩在十年前因采掘建筑用砂，遭到严重破坏；荣成马兰湾的沙滩在十年前因养殖水貂，修建貂房，留下一片瓦砾，沙滩被污，臭味掩鼻。原本美丽的沙滩旅游地难以发挥其应有的功效，令人后悔不已……

究其原因主要有三个：一是缺乏全盘的规划；二是规划者缺乏生态观念；三是开发者急功近利，不按规划行事。由此可见，需实现生态旅游的真正价值，确保旅游地的可持续发展，必须加强生态旅游规划。

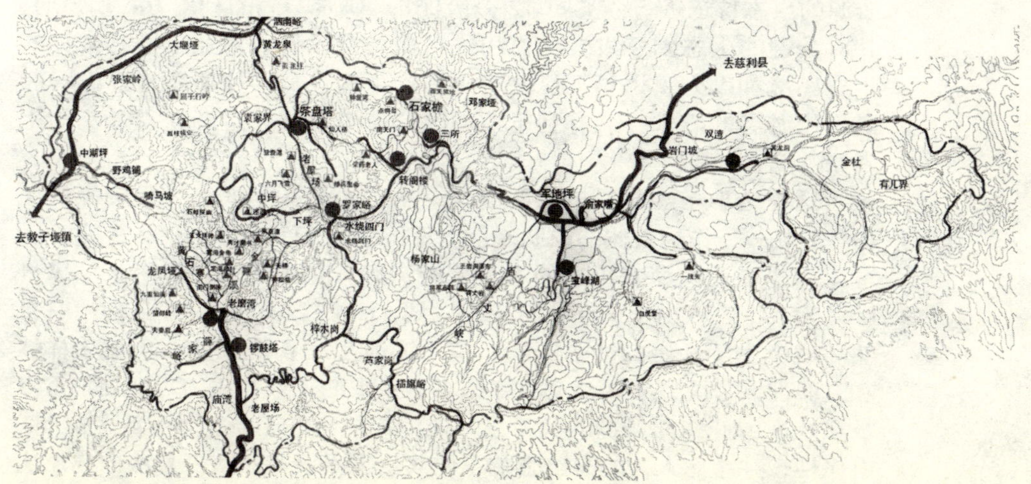

图1 武陵源风景名胜区地形图

除尽快实行旅游规划的宣传和执法，明确其作为旅游地建设管理依据，必须予以先行的重要地位外，从生态旅游这一全新的高层次、高品位的旅游方式出发，对旅游规划进行生态层面上的变革，更具有迫切的意义。

生态旅游规划在国内外均属刚刚起步，尚无程式可循。笔者以为，与传统的侧重于经济效益分析的旅游规划相比，生态旅游规划对规划者的要求无疑更具全方位性。它不仅要求规划者对旅游地生态环境具有敏感的观察力，而且要求规划者对旅游者的行为具有良好的控制力。反映到具体实践中，集中表现为对旅游地开发与保护这对矛盾的正视与重视。通过长期从事旅游地规划研究和实践，笔者以为，解决这一矛盾的关键在于两点：

1. 具有正确的认识态度。

旅游活动预示着旅游地资源和生态环境将在一定程度上受到改变甚至损害。过度利用必然会导致灾难性的后果，但被动地保护也并不能从根本上解决问题。消极的态度只能导致消极的后果，必须采用合理科学的规划手段加以防止和控制。为此，仅仅划出保护区的范围是远远不够的，划分线并非表征隔绝的围墙，而只是构成适度开发的前提条件；保护区的级别划分不应该是僵硬的，针对具体情况各级之间可以相互交叉、渗透，以便更好地达到保护目的；把条件建立在人与自然融合及亲和的关系之上，实现社会效益、经济效益和环境效益的综合平衡，才是解决矛盾的现实可行的途径。

2. 采取切实的防治措施。

自然生态系统是一个动态平衡系统，人类只有对其加以正确的引导和控制，才可以在确保生态环境不受破坏的条件下为旅游业发展提供一个良好的场所。因此规划必须立足于综合平衡的层面，在充分了解旅游地资源、环境及其价值、特点和相互间的作用关系的基础上，按资源的生态特色进行分类处理、分级保护，确定不同的利用方式和强度，并对关键的生态因子或自然作用进行保护性设计，对业已遭到破坏的生态环境加以人工诱导，使之达到新的平衡，从而使旅游地开发既能满足旅游者的需求，又有利于该地区的持续发展，进而获得最优的生态旅游综合效益。

这里选取笔者早期的实践尝试——“天尽头”滨海风景资源的保护与开拓——作为具体的说明。

山东胶东滨海有丰富的风景旅游资源，其中荣成“天尽头”风景区尤为突出。但由于长期缺乏统一规划，沿海经济的迅速发展对原有自然环境产生了一定的冲击影响。鉴于滨海生态系统独特的生物多样性和脆弱性，考虑到旅游活动的开拓必然带来的干预和压力，规划将重点放在处理所开拓与保护的关系上，使滨海的生态系统整体呈现稳定性、有序性，并考虑人为的有益影响，使其生态景观不断从低层次向高层次发展，逐步建立新的平衡，趋于和谐发展。故依照其风景资源的具体情况，分别采取保护、调整、控制、开拓等多种方法和手段来加以实现。

1. 保护

区内的海驴岛因环境优越，栖息着成千上万的海鸥，成为“海鸥王国”。尤其每年清明节后，大批海鸥来此作窝、产蛋、繁育后代，甚为壮观。曾有人建议开辟游线登岛游览，如是，游人登岛观光产生的干扰可能造成难以挽回的生态破坏，为保护其自然生态，不加任何人为干扰，规划仅让游人在船上环岛而望，以饱眼福，并在陆岸上建眺望台，设望远镜供人观察海鸥王国的奇妙。

2. 调整

区内的泻湖——目湖，因其生态环境优良、独特，非常适于大天鹅栖息，是我国纬度最高的大天鹅越冬地和纬度最低的大天鹅夏季栖息地，并因此被辟为国家鸟类自然保护区。但由于缺乏生态意识及片面追求经济效益的做法。人工养虾及相应的筑坝围池等人为干扰，破坏了原有的生态环境，曾有一度来此栖息的大天鹅数量大为减少。故规划突出强调了“保护目湖，挽救天鹅”的指导思想，首先，通过目湖生态影响线的分析研究（图 2），找到目湖生态系统破坏原因——因水系交换受阻和污染加剧导致的水质下降，采取种种措施提高水质，努力恢复目湖对大天鹅的吸引力；其次，针对大天鹅习性和游人来此观赏

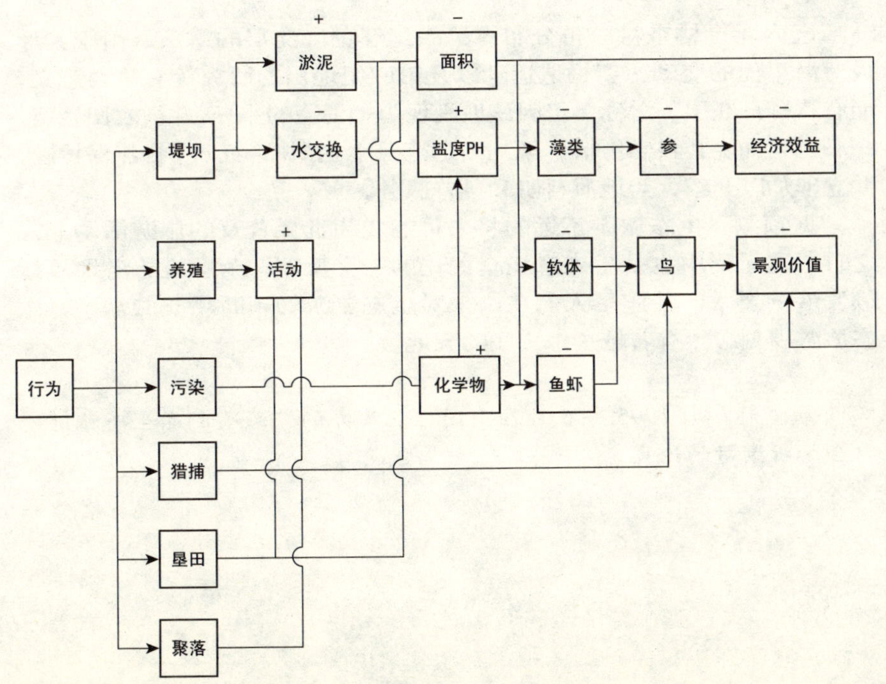

图2　月湖生态系统的影响线

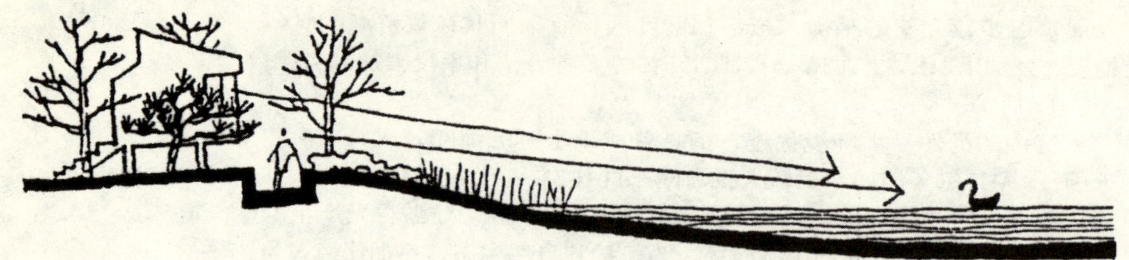

图3 月湖景点视线设计示意图

天鹅嬉戏的需要，尝试解决游览与大天鹅栖息之间的矛盾。由于目湖近岸浅水区是大天鹅觅食的主要区域，游人的到来往往使之受到惊吓，难以觅食，故规划将游人观赏点设于大天鹅较少来此觅食的岸区，并运用观察壕及树木遮挡人工物等手段加强人的活动的隐蔽性（图3），在较少影响大天鹅栖息的前提下，满足旅游观赏的需要。经过几年的努力，现已恢复了该湖的生态环境，每到秋末冬初，上千的大天鹅来此栖息，景观颇壮。

3. 控制

区内山头的花岗岩是优质石料，马兰湾的沙滩是优质石英砂，故在有关经济发展规划中曾把采石运砂作为生产致富的项目列入了计划并予实施。为保护景观资源，规划对此进行了控制，通过选择适当开采地点，并控制其形态，而使采控点得以成为日后的一景。

4. 开拓

区内北岸柳夼村一带分布有第四纪红色沉淀层的露头，由于其形成对海平面的变动、新构造运动以及第四纪地层的研究等有重要意义，而有“柳夼红层”之称。但因该地段现为一荒芜的小丘，并被农田垦殖，一般无人知晓其科学价值。规划划定范围建立“柳奋红层”自然保护区，并立碑加以介绍，为地质科研和科普服务。

据预测，生态旅游不远的将来可能成为世界普及的旅游活动形式之首，这无形中也是生态意识全民化的一个反映。为顺应旅游地可持续发展的要求，并满足人们在未来对生态旅游的不断增长的需求，生态旅游规划必然有着越来越广阔的天地。

本文为参加1995年5月在中国台北举办的“海峡两岸生态旅游研讨会”所撰写的论文。

富春江
——新安江风景名胜区总体规划

《富春江——新安江风景名胜区总体规划》是由同济大学85届风景园林专业毕业设计承担，在指导教师李铮生、张振山的指导下完成，通过全国专家评议，上报国务院，审批后执行。该规划的内容和深度基本上达到了国务院颁发的《关于风景名胜区管理暂行规定》的要求，内容完整、层次分明、重点明确、分区合理、特色突出、符合实际，是一个较好的、可行的规划。多年的实践也证明该规划切实可行，起到了保护环境、开展旅游、发挥效益的作用。

一、规划制定依据

1. 自然生态、社会生态与风景区开发的关系

自从大自然先后塑造了有机物、植物、动物和人之后，通过世界的物质循环和能量流动构成了社会。人和自然的综合体系——社会和自然生态系统，其各环节、社会经济、人的社会和自然环境要求。自然环境在互相协调、补偿的动态平衡状态中，世界不断的变化，发展着。但是，随着人类和生产力的发展，它们所构成的社会越来越区别于自然生态系统，体现出越来越强的非自解性，自然环境的巨大的降解和自净能力已为社会生产力水平远远地超越和削弱。大工业对不能再生

产能源的大肆消耗，人口和其聚集度激增，各种污染惊人地进入了人们的生活领域和其他领域。当代70岁的老人正生活在一个比他出生时人口拥挤三倍的世界上，正生活在一个自然资源消耗、废物污染增加十倍的时代，它不仅给自然生命、能源的正常循环带来威胁，也给人类的经济和本身带来了巨大的危害。上海经济区作为我国人口最密集、经济最发达的地区，当然也难以逃脱这一人类的世界性的厄运。

由于种种社会历史原因和自然因素，“两江一湖”地区经济在近代比它周围发达地区落后了一步。这种事实使得这一区域的自然生态在这一场灾难中反而幸存下来，可是，这种幸存不过是相对而已。

追溯它的历史不难看出，古代水域为人类提供了起码的生活条件，由此而来的交通又促进了经济和文化的发展。山居、村落在山青水秀的自然的环抱里，伴随着文化的进步，“七里扬帆”，“千峰潇洒”等如诗如画的景色闻名遐迩，它吸引了历代文人志士在此徜徉、抒怀，留下了丰富的、传奇的历史文化色彩。这些优秀的历史文化和幸存的优美自然环境从20世纪50~60年代起开始遭受大规模的建设高潮的冲击，大坝给经济带来了效益，但导致的是历史的湮没，水体形态的改变，木材砍伐和森林结构的改变，而且带来了植物的正常衔体的改变和水土流失。新型城镇的兴建，带来了工厂污染和人口高密度，国内旅游兴起后，不仅仍有此类破坏自然生态的情况出现，而且又导致了对具有旅游价值的自然资源毫无节制地开发。外来人口的激增，也给地方正常经济、市场和人民生活带来了巨大的冲击。作为环境生命线的水域两边，人口的汇集与增长、经济的发展、绿化线的退移，促使原来景色、景点濒于销声匿迹，使“两江一湖”风景区的景色“内迁”，使得景区特色、景区生命的真正存在的旅游经济价值难以发挥，给旅游经济的发展带来不利。

这一系列发展恰在重蹈大工业后的覆辙。从这一地区的社会经济、城镇建设、人口发展和“旅游”等社会生态关系对自然生态的破坏表明，两江一湖地区的自然生态的破坏则是绝对的。

作为国家级重点风景区的开发，如何恢复这种自然生态和生命生态的平衡从根本上保持它在自然生态环境方面的优势，来维持旅游事业的生命力，是风景区规划的一个根本的、严肃的课题。

把自然环境和社会环境作为一个有机整体，社会经济合理发展，生活环境逐步改善，自然生态环境平衡的恢复和稳定，是生态合理发展的要求。自然环境、社会环境同整个社会经济本质的联系，是生态平衡、协调发展的规律。

每个生态系统都有这自身地区性结构以及物质能源循环规律，其内部各项小循环相互制约、互为因果，在一定条件下形成动态平衡状态，并不逐个地发展，从原有的平衡进化为新的平衡。由于人们往往只注重单一化的大力开发，导致整个生态的稳定性受到破坏，由于生产力的迅速发展，又加剧了这种破坏。这种情形需要靠全面、大规模地调整来建立起有利于经济发展的生产结构，与此相关的城镇体系，和满足人们生活环境需要和以水体、植物为主的自然生态平衡和新型的、特殊的平衡结均。

（1）区域经济特殊性的要求

在富阳、桐庐、建德、淳安四个杭州市属县所构成的小区域，要建立一个自给自足的产业结构既不经济也不现实。区域经济发展依赖于其产业系统，尤其是生产外销产品所得的收入。它可以依靠地方某些优势，如工业优势、矿产资源及附近经济对之影响等等优势。随着现代第三产业的发展和旅游的蓬勃兴起，1982 年起跃居世界第一大产业的旅游产业已经成为一个极有前途的新兴产业。“二江一湖”风景旅游资源均成本地区无可比拟的经济条件。

①以水见长，风景容量巨大，富有特色的自然资源越来越为社会重视。②旅游交通不仅有了 320 国道贯穿全区及由这分歧出多条省级公路，而且有直达主要客源地上海的铁路接入风景区。③地处我国人均产值最高、人口密度最高的上海经济区中央，而且位于由本区八个国家级风景名胜区所组成的旅游网络整个环线的切线部，位置十分有利。④不仅它本身成为国家重点风景区，而且这绵延近 300 公里的带状景域连接起了著名的黄山风景区及旅游中心城市杭州，从而形成“黄金旅游线”。⑤这里有丰富的林、牧、副产品和一定的城镇、乡镇工业基础。⑥在近几年的旅游业的摸索中已经积累了一定的服务设施基础和经营管理经验。因此，以旅游经济发展形式，集中投资大幅度调整产业结构，重点发展旅游事业，大力发展特色农副产品、加工工业和特色手工业等。同时发展旅游食品工业和旅游特色产品工业，以作为本地区及杭州、黄山等旅游商品的供应基地，以“对外”经济来加强区域经济实力，这是本地区振兴经济的有效途径。

（2）城镇的调整和城镇体系的建立

本区域城镇首先依靠中心城市杭州对它的外部影响和本身目前农业经济的发展，在交通形成的前提下沿江逐步发展起来的。它们的形成，对本区域的经济发展起了重要影响、推动、组织作用。随着生产力的进一步发展，逐渐地，人口密度迅速增长，工业、生活的互相干扰影响，污染的产生，城市生活，环境质量大大降低，由于用地紧张，文教、绿化和大量的旅游服务用地奇缺，导致的见缝插针进一步打乱了城市布局。另一方面，原来的腹地由于交通的延伸、农业经济的发展、市镇工业、文教工作的兴趣，急需技术力量和城建投资、工业投资，以形成新的腹地和中心来适应生产力发展要求。加上区域经济特殊结构的新的要求，需要本地区建立起围绕着旅游经济作为区域特色的优势的协调发展、相互依存、有机结合的城镇群，要求生产系统相对集中（协作）和绝对分散（分工、整体协作发展）以提高生产的专门化程度，利于市场的扩大和提高，基本建设的设施使用率，这种新的城镇体系的建立不仅是区域经济新的发展要求，也是自然生态平衡环境保护的要求。

城镇体系的建立的原动力在于生态平衡的要求：

①恢复生存和旅游经济所需的最佳环境质量。

②达到自然生态的自觉调整和平衡、稳定。

③充分地、合理地利用自然资源和农业、产业资源发展经济。

④尽量减少控制污染的人工措施和利用自然净化潜力、节约环境保护投资。

⑤城镇体系要有利于带动区域经济大范围地、全面、平衡发展，城镇布局要求新的区域、特殊产业结构和布局相一致。这些驱使新的城镇体系建立和发展；寻求新的自然生态、生活环境旅游经济以及以此带动其他经济同步发展的生态平衡，发展要求的动力方向因区域自然生态和社会生态现状等等相逆而显示出不平衡的严重程度和需要大规模调整的迫切性。

如图1所示的现有城镇与风景区经济关系模型：景域与旅游镇分离，沿江污染和腹地的不符合生产力发展的流向。

如图2所示的按照原动力要求建立起符合生态规律的城镇体系模型：①工业和服务分离，按腹地发展要求建立外围加工工业为主的乡镇工业基地，物流以商品形式的工业产品（旅游品）汇入中心城镇。②中心城镇围绕旅游服务为主和全区域文化教育、交通商品、金融、生产指导行政指令和对外经济贸易的中心形成无烟经济城镇——变成名符其实的旅游镇，而成为全区新型的政治、经济文化中心。③人口的合理分

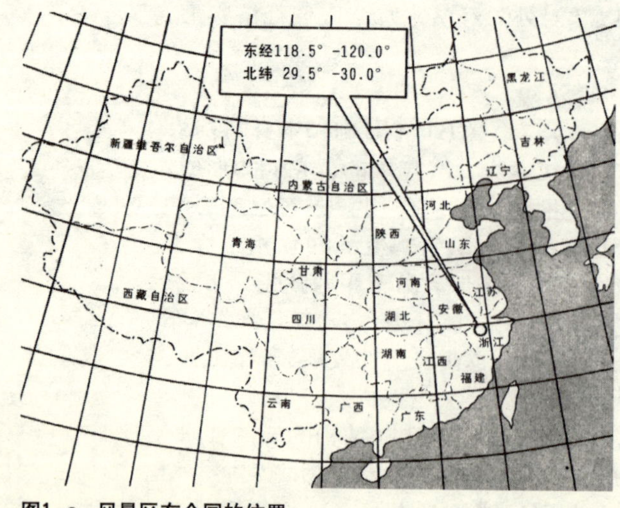

图1—a　风景区在全国的位置

图1—b　风景区在上海经济区的位置

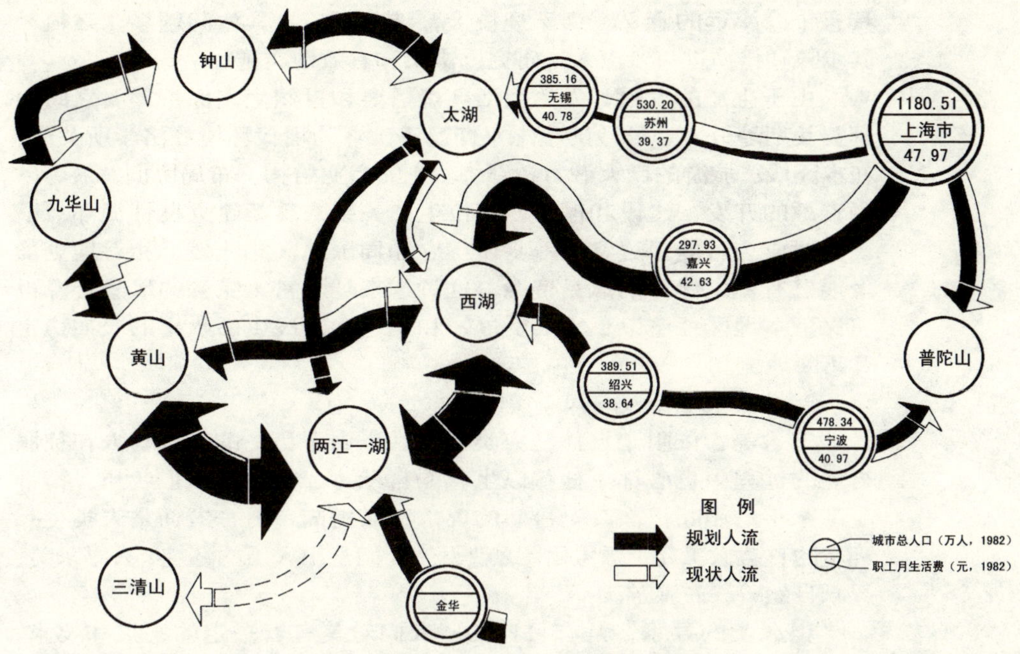

图2 旅游网络构成分析

布、污染问题的解决，沿江自然生态的恢复，挽救全区经济和环境生命线——“两江一湖”逐步建设成为以水为轴心的、名符其实的“两江一湖”风景区。

由于作为区域产业资源的风景资源是全区共有的，互为因果的统一体，旅游活动的全面发展要求旅游建设和服务的平衡发展，经济的大规模发展也要求区域经济平衡发展，而事实上风景资源越丰富的地方，恰恰是社会经济越落后的地方，而且经济因主要靠外来支持和“进口”导致它的经济发展速度也越慢，为了达到区域经济发展的平衡以共同有效地开发、利用区域风景资源，应该首先对区域经济横向地区平衡（好对千岛湖等落后地区集中投资），大规模地扶持、建立服务能力和相应基础设施、相应的产业结构调整，大力发展特色农、副、渔和加工工业、地方建材工业，以迅速建立起平衡的符合旅游要求的骨架。同时，主要根据地方实力，加快步伐促进区域经济的纵向平衡。大力发展农业乡镇工业，促进区域经济的纵深发展，迅速形成强有力的后方供应基地。这样，又保证了沿江旅游镇的城市布局的逐步改造，第三产品的大规模发展。

这些配合旅游经济、环境保护全区经济协调，将使本地区经济效益、环境效益、社会效益成一统一体，互为利益，使得沿江环境保护得到根本的保障，从而也是环境资源无限地开发利用的根本保障。

自然生态、社会生态，平衡要求的区域经济和村镇规划战略方向，具有十分深远的意义。由于规模大，涉及面广，具体问题多，必须对其步骤和措施进一步深入地研究、决策和有效地实施。

由于生产的发展，人的生活环境需要和自然生态保护需要之间的利益长期地分离，导致的生态平衡严重破坏为现代环境经济学所关注。在本区域、旅游的巨大潜力和围绕着它的产业结构、布局协调发展，风景资源的开发，建设和保护，将使生态关系的重新建立良性循环、平衡发展成为可能。这将进一步使得它和周围地区相比较，相对地更加发展已有一定优势的风景资源，这种越来越丰富、完善的风景资源也将保证本地区经济以更大的发展，和本地区人民生活水平的长期稳定和不断地提高。

2. 人工与自然——风景美的追求

追求美、依附于自然是人类的天性，由于历史的原因，人在征服自然的过程中也破坏了他赖以生存的自然，一方面是人们物质、精神生活水平的不断提高，对自然的要求不断提高，另一方面是人类生存环境的日益人工化、恶劣化，这就驱使人们走出人工的环境，去寻求美、寻求自然——去旅游。

但人类的寻求，是有目标的，人们对美有着一定的观点和要求，正如每一个音乐都有美的属性，但人们欣赏的只是美妙的乐曲而不是音符那样，人们要求的自然是有节奏有开、合、起、承、转的空间环境，对于风景区，人们要求从植物，建筑，到整个空间环境都必须是有统一感。同时和谐的变化又是不可缺的，要强调风景特色、游览方式等等的互异性，在高频率的变化中，游人才能接受到最大量的信息——这环境往往不是天生就有的，这就需要我们去组织、去排列、去强化、去影响人们的思维，引起人们的共鸣——用人工的力量点化自然，使自然更适合游人的要求，使游人更易于接受自然的信息。

由此就决定了两江一湖风景区的建设必须达到“以自然美为主，自然美与人工美相结合”的目标。

3. 历史与时代——风景区的建设

就在我们的时代，面对历史，我们认为我们必须忠实于我们的时代，强调我们的历史和传统，让时代之树扎根于历史的土壤。

时代在发展，所谓传统的东西无非就是前人在他的那个时代创造的时代之物，我们要吸取的是传统的精英即它的创造性，现代的科学技术决定了我们的工作必须具有时代性，我们要忠实于我们的时代。

“两江一湖”风景区具有明显的时代特征：大坝的兴建使“千峰”成为“千岛”，昔之高峡今成平湖。交通工具的发达使“七里扬帆”景色不复存在，新城的兴起替代了昔日的山村渔舍，新的环境需要有造新的建筑与之相协调，现代旅游者的情趣和审美价值观已经有别于古代文人雅士的兴味，新的要求需要有新的条件来满足，两江一湖在上海经济区中所处的地位及在全国旅游网络中所处的地位都决定了它必须具有高速高效高容量的时代气息，把千岛湖建设成与西湖遥遥相对的新西湖，而两江作为连接它的彩练，这是建设的目标和方向。

同时，历史是延续的，我们不能脱离优秀的历史文化传统而“飞跃”，人们创造出无数的事物，经过时间的筛选，只有极少数最优秀的事物作为传统保留了下来。景区优秀的历史文化传统和世代相传的优美风景环境，已经给其自身带来了巨大的价值，历史信息的存在给我们的时代提供了良好的条件和更高的要求。比如说发掘意境的价值。风景的艺术特性就在于它能通过视、听、触、动等综合感观来接受信息，而正如中国古典园林以文学艺术的线索来唤起人们对自然美的深刻感受那样，用意境的联想，通过各人不同的记忆、联想，推理唤起人们的艺术思维——很大一部分对传说的思维，以致“触景生情”“情景交融”，这比单单用自然本身所固有的信息量来打动人们的艺术神经，其效果可谓是大不一样。创造“意境”的意义，并不亚于创造物质环境本身，“二江一湖”地区的风景价值相当一部分表现为依附于历史传统的、文字的形式，以“意境”这一有效手法来体现其特殊形式的价值，提高风景区的价值，是这一地区风景开发的一大特点。

可以这么说，传统赋予了时代以文化艺术的修养及价值，而时代又赋予传统以新的生命。传统虽有精华，但它特有的历史的形式、手法、技术和风格，又必然会因历史的发展而与现代的需要不相适应，过去的东西只有在今天还有生命力的前提下才能存在。这些历史传统精华，必须依靠时代的洗礼，才能获得新的生命。

因此，传统的精华和其精华内在的本质，只是革新的土壤和基础。

纵观富春江、新安江地区，新的自然环境，社会环境对风景和建筑的限制强度远远大于历史文化环境对之的限制，加上地方历史传统本身发展也风格迥异，因此应该积极冲破旧的，固有概念的限制，创作忠于社会和自然环境的充分尊重传统文化的、丰富的艺术风格，最恰当地综合运用物质手段，不仅把“两江一湖”开发成为游客饱赏自然美的胜地，而且成为鉴赏历史文化的现代科学技术的时代天地。

二、指导思想

1．充分利用风景区丰富的自然景观，悠久的人文史迹优越条件，尽力满足人们物质、文化生活水平不断提高的要求，使之成为一个有益身心健康，普及科学文化知识和接受爱国主义教育的场所，发挥其在物质文明和精神文明建设中的作用。

2．利用其优越的地理位置和交通条件，建设一条连接杭州西湖风景名胜区和安徽黄山风景名胜区的开放型的“黄金旅游带”，逐步建成一个能适应国内、国际旅游事业不断发展需要的风景优美、现代化旅游设施完善的多功能的国际性风景旅游胜地，对我国东南部旅游中心杭州的发展会有积极影响。

3. 按照生态观点，全面调整风景区内经济结构和生产布局，逐步形成以风景旅游体系为主的新的经济结构模式，使自然生态和社会生态达到动态平衡，逐步实现该地区环境效益、社会效益的统一，相互依存，全面提高，稳步发展。

4. 由于地域广大，内容丰富，其建成需要几代人长期持久的努力，而经济、社会在不断发展，人们的需求也在不断提高，拟制的总体规划和发展层次的设想，有待于今后不断地完善和具体化。

三、基本原则

1. 加强风景区自然景观、人文景观和风景环境保护。

2. 宏观上以“清、青、幽、悠”为风景区的基本格调，以水为开发重点，山水有机结合；加强意境构思，自然与人文并举。

微观上要发挥各景区、景点不同的山水熔岩及人文特色，既要突出个性，又要组合成完整的风景体系。

3. 以自然美为主，力求人工美与自然美的完美结合，提高环境质量。风景区内的人工设施要与自然环境取得协调和统一。根据不同的风景环境，赋予有关设施不同的风格和主题。

4. 沿江、沿湖城镇和村落的规划和建设应考虑与风景区总体规划的要求相适应。

5. 广泛开拓旅游项目，积极发展休养，慎重开展疗养，建设一个兼具旅游和休养、度假、体育活动、旅游交通、旅游商品供应等综合功能的旅游经济综合体。

6. 采取既积极又稳妥的态度，制定合理的开发层次，把风景区的重心逐步转移到沿江沿湖地带，力求以科学的经营管理进行风景区的开发和利用，勤俭办事。

7. 加强整体观念，建立风景区互相协调的交通旅游网络，服务设施网络和完整的旅游经营、管理机构。

四、规划期限

鉴于本风景区地域广，游人分布不均，行政管理难以控制，投资大、渠道不明等因素，调整过程复杂，实现规划目标需要较长的时间，认为以划分为近期（1986～1990年）、中期（1991~2000年）及远期（2001~2030年）为宜。在近期以制定总体规划，加强保护措施，初步形成旅游网络为其目标。在中期则应对整个旅游网络进行调查，落实各项环保措施及景点的建设，远期则能达到规划中所提出的各项目标。

五、风景区性质

本风景区的主题是水景，是流水，它是风景区的生命，它隐含着社会历史的发展。

水景特色之一，在于它的面积广大、水体清澈。千岛湖库水体明净，水色澄碧，透明度在5米以上，大肠杆菌含量几乎为零，细菌总数每公升不超过100个，不经处理也已达到国家饮用水标准。新安江下游和富春江的水体除局部地区少数指标外，也属一级范围之内。这样大面积清澈的水体令人看之心舒，触之心畅、尝之心甜，在国内目前是罕见的。

水景特色之二，是它与山、石、林的组合，具有溪、瀑、涧、泉、雾等自然形态，平湖、峡川、群岛、溶洞等多种组合景观，山、水、岩洞综合体现了大自然的丰富、奥秘和变化无穷。

水景特色之三，是这条古老的江河孕育了悠久的人文历史，这里的山山水水已与历史、文化、传说，以及新时代的气息融为一体，并升华到更高的意境。

图3 景区交通规划图

综上所述，本风景区给人以满目青翠、遍布清流、景境幽奥、源渊悠长之感，可概括为“山青、水清、境幽、史悠”。

根据风景区的风景特色，本风景区的性质为：以水见长，山、水、岛、林、岩溶并茂，史迹众多的国家湖川风景名胜区。

六、景点规划设想

风景区内有许多传统景点，其基本格局已形成，今后在于精心雕琢，不断完臻。另有些景点有待恢复和开发，初拟富春十景，新安十景，千岛湖十景供参考。景名主要以意境气氛为主，尽力反映历史脉搏和环境特色。

（一）富春十景

1．十里红桕：一江流碧水，两岸染红霜，心波尽醉霞，秋宜富春江。

2．春江行舟：春江风光，桃红李白菜花黄，樟下雾里舟歌来，细鱼已上农夫忙。

3．龟川秋月：花朦胧，月朦胧，龟川几日秋，柳朦胧，影朦胧，澄江涛声稠；西望江头雾阵起，留却萤火点点愁，思乡咏。

4．富春山居：杜鹃霞，梨花雪，清泉石上松影月；青竹丝，草芦中，“大痴”曾作《山居图》。

5．洲上春深：九里春洲九里花，粉墙映水耕牛忙；江南三月早。紫燕筑新巢，早莺争枝桃李闹，春童牧鹅卧青草，江坝黄犬随人去，柳絮无影飘东西。

6．清江落日：落日清江里，皎镜重山影；斜阳穿梢明，金鹊刺寒碧；粉墙涂丹影，炊烟起吠音，薄霭孤舟移，是乡情。

7．烟诸渔火：渔火热，清江冷，游人欢；把酒放歌月徘徊，野旷风云树高天，柳生烟。

8．月色桐君：月儿升，水儿流，山塔谣谣指天弯；灯入水，月入水，闪闪金银碎；望山城，灯彩灼夜明；观前程，枝影婆娑影斑驳；有梦惊山鸟，艺语道，桐君采药在此山。

9．古镇春秋：悠悠小镇秋，弹石古道新雨后，碧水清浅流，红衣院女小溪东，白鹅游。樟荫古桥青藤柳，有吴帝遗宫，卧黄牛。

10．瑶琳仙境：点化非仙意，瑶琳出凡境，若得流水涓涓意，纵然顽石亦含情，仙凡难断明，何须明，此境更比天上好，即得何须求仙境。

（二）新安江十景

1．松湾芦茨：一湾碧水流，古松孤岛中；水流无限不回头，孤松傲立千年永。

2．钓台秋风：秋风凄，寒雁织字嗽声起，落木萧萧古径残，不尽碧涛滚滚来，此去入东海，先生当年坐此台，不羡名利财，若得今世来，

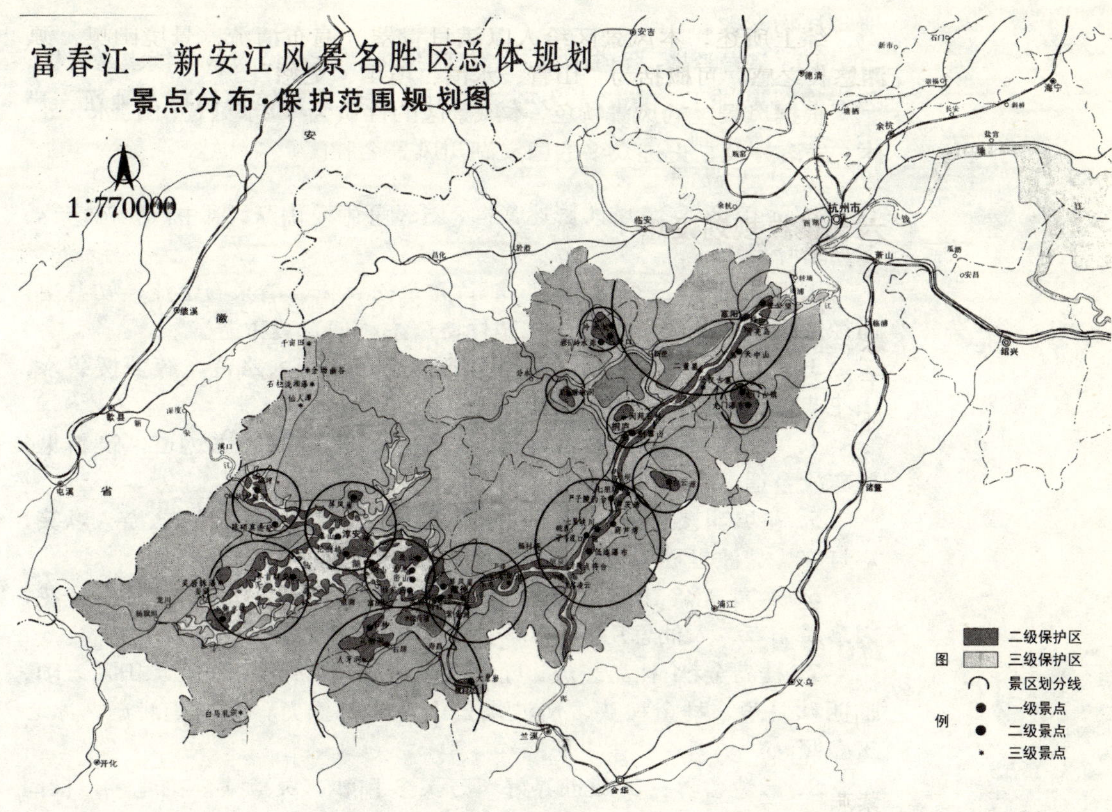

图4 景点分布及保护范围规划图

当弃竿，展宏材。

3．七里杨帆：昔日千帆白，今朝山鹃艳，两岸造岚翠，半江蔽藤柯；水清容过客，枫叶落行舟；峻岩何相边，清波蜿转连。

4．葫芦飞瀑：千解明珠何处来。壁上葫芦开，声若雷，势若雷，飞流直下雪玉飞，前人曾谓，银河九天坠。

5．双塔凌云：南北塔，临江视，风起云涌时，倍显凌云意，下三江口，有不尽涛声滚滚流，人邪、事邪、运邪，世间多少纷争，尽随流水走，放眼时，有古城新意，毕竟今年胜去年。

6．严州古城：潇洒郡中潇洒楼，潇洒楼畔梅城东；寒水流香笛声悠，江旁垂钓雪千秋。

7．十里奇雾：晓江奇，烟霭迷离，起落回荡数十里，荡胸起层云。此景何可求，唯此朝朝有，何日更重游，当有新景悠。

8．紫金锁澜：紫金滩，强龙困千山，何日轻启千钧栏，奔腾雪龙翻。雪龙翻，能源由此来，都市乡村要生产，只凭轻机转，神仙应无能，天帝叹乏才，此迹只有人间有，民众力如天。

9．灵栖洞天：清风奇，霭云秀，古洞深深几多重，原是龙宫在此处，遗却祥物无数。

10. 慈岩悬楼：登道盘空，危楼临风摇，山鹰护激傲，铁索悬天桥，慈岩峥，鬼神工，点化人力巧，连山若波涛，宫馆何精巧，驰通一声尘头起，游车到。

（三）千岛湖十景

1. 龙山烟雨：危塔淡影迷蒙摇，斜风哥雨龙山跃，风中汽艇笛声鸣，孤岛蜡叶经雨少。

2. 石林曲径：石林迷径，新竹秀，松风味，清泉石上流，初月溶，曲径通幽，明舍或可求，静夜园林诗情浓，何日更重游。

3. 界首棹歌：重山复水，小港何为，此行去路危，藤萝援碧水，山花戏鱼肥、船游曲回，放眼浩渺水。

4. 鸟岛晨昏：晨昏比翼鸟，恋情巧。何日双飞去远道，筑新巢，勿忘故乡遥。

5. 花坞明楼：花州夜色，风情不减白昼，高楼明窗金水跃，游人歌笑，彩灯烧，碧波世界鱼乐跳，迎客到。

6. 羡园春深：山樱初漫霞，新茗品旗枪，春燕逐嫩波，老鱼戏残花，因慕羡园春，人仙思凡家。

7. 桂岛金秋：桂岛碧流，近中秋，更无一点纤尘，玉鉴琼田六万顷，唯明秋月盈，桂鱼拨头，清波摇，山花倚石熏月，此情为我邀，冰心玉壶照。

8. 云蒙兽界：云蒙世界好，万灵多和妙，灵猿啸，花鹿跳，世间真逍遥。

9. 屏峰霞起：屏峰起水边，峥嵘向青天，天之边，水之边，遥遥隔水天，明月映水间，天上面，水上面，艳艳明水天。

10. 西园朝晖：朝晖起，水天明丽，州谷金鸡啼，旭日映，霞云金，翠屿初明，晓港白雾中，舟向日边齐，一帆平原。

“富春江——新安江风景名胜区总体规划”完成于1989年5月，本文乃规划说明书之节选摘要。

武陵源风景名胜区总体规划汇报纲要

一、编制武陵源总体规划的必要性

武陵源风景名胜区位于湘西武陵山，在大庸市。慈利县和桑植县的交界处，总面积约三百多平方公里，现已有部分开辟为风景旅游区。由于这里特定的自然地理环境，形成了国内外罕见的奇特砂岩峰林地貌，风景区的山美水秀、峰奇石怪、植被茂密。珍禽异兽、云变雾幻、野趣盎然，构成山、水、林、云、禽、兽同生共荣的自然境域，其特色可概括为“神、奇、秀、野”四个字，是地球上的一块瑰宝，被喻为“天然的博物馆”，堪称世界第一流的风景区。开放仅几年，引人注目，名扬中外，游人猛增。1986年已接待百万人次。形势发展之快，远远超出了原有估计。

但是，由于缺乏统一规划，风景区建设出现了不少问题：不适当的开发使风景区内局部环境日趋恶化。金鞭溪清澈的溪水受到污染。黄石寨清新的空气遭到二氧化硫的侵袭，出现了酸雨现象；景区内建设混乱，建筑风格不统一，建设单位各自为政，强占有利地段，围墙一圈自搞一套，破坏景观；当地农民贴路建房，出租设摊，无人统管；砍树、打猎等问题亦未得到有效控制；民间纠纷多次发生，并发展到烧房的严重事件，影响很坏；森林防火缺乏措施，等等。如此下去，随着旅游业的发展，这块宝地有遭进一步破坏的可能。确有“危机四伏，令人担忧”之虑。如任其发展，后果不堪设想。因此必须及早采取措施，统一规划，加强领导，分期建设，搞好管理。

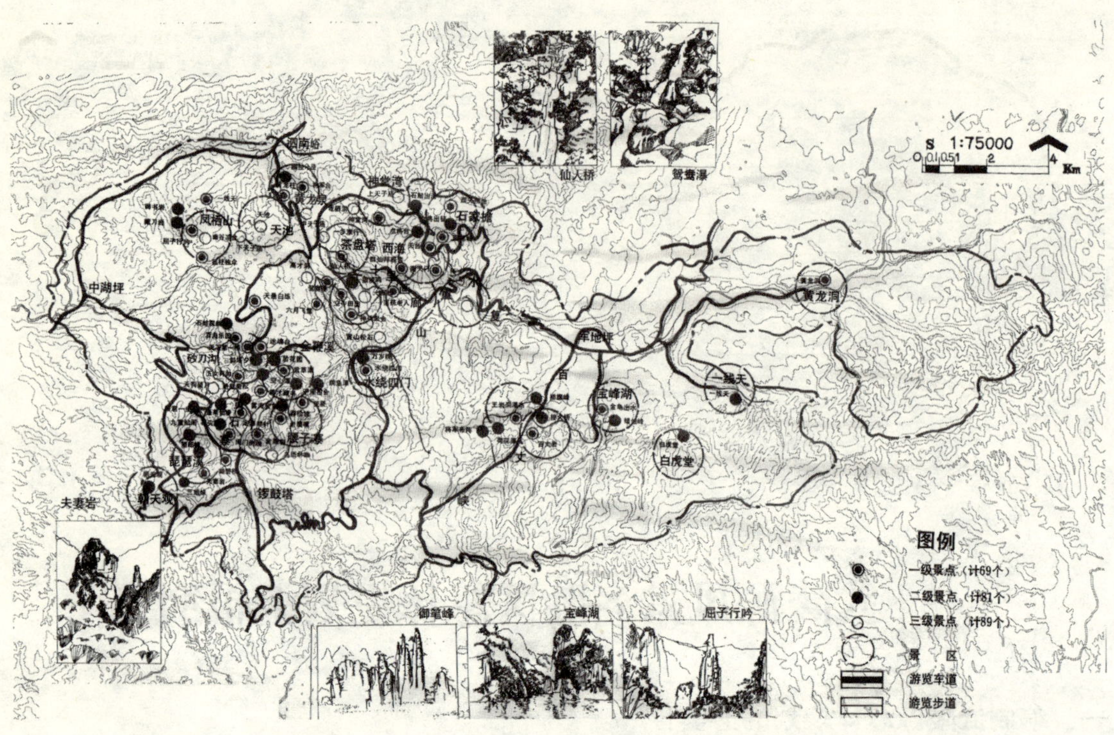

图1 景区资源分布图

二、武陵源的性质和总体规划的指导思想

根据武陵源的自然特点，其性质定为以保护自然风景。研究自然资源为主要任务的、可供多功能旅游的国家风景名胜区。保护自然风景，指的是它是一个开放性的自然风景保护区；研究自然资源，指的是它可以供多学科研究、考察的自然资源，地质学、生物学、气象学、社会学、民俗学等等学科都可以在这里开展研究；多功能旅游，指的是在这里可开展游览观赏、艺术创作、体育野营、避暑修养等活动的胜地。

武陵源总体规划必须从武陵源的全局效益出发，坚持统一规划，正确处理保护自然风景与开发旅游的关系，真正把环境效益，社会效益和经济效益结合起来。把武陵源风景名胜区建设成为高质量的环境、高层次的游览、高标准的建设、高效率的旅游、高觉悟的利用、高水平的管理的我国第一流的风景名胜区。

三、功能分区和总体布局

1. 规划范围

根据总体规划的需要，对现在的行政区范围需要重新调整划定。

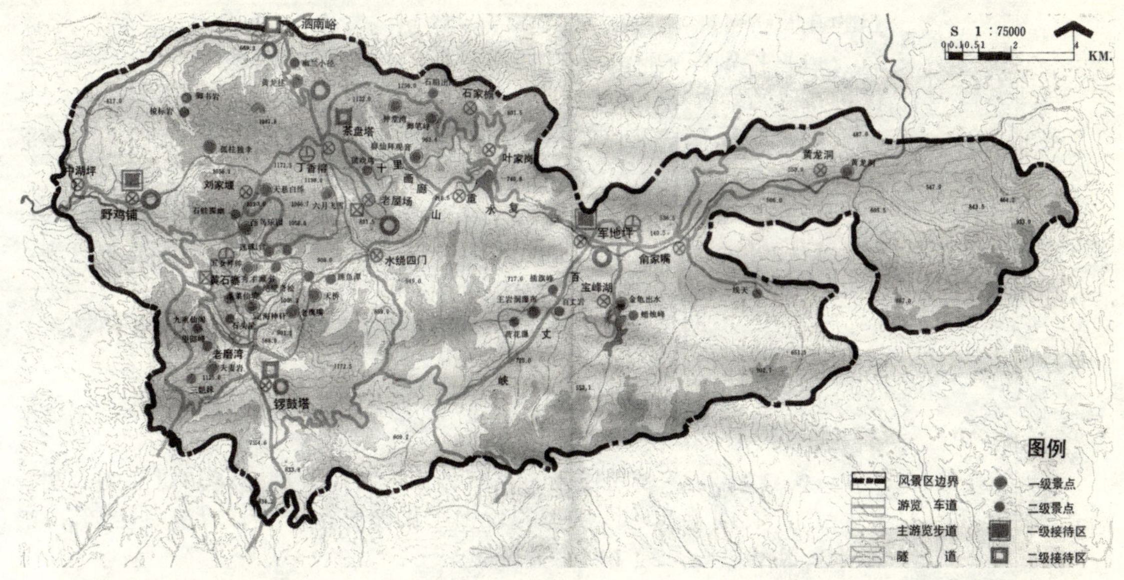

图2 规划总图

图3 保护区划图

其规划范围应包括风景区的世纪区域和为保护风景区、满足旅游需要的区域。这次规划的面积为 368 平方公里。

2. 合理分区、分级保护

将三百多平方公里的地域按其生态环境、自然资源、景观特色及用地条件划分为不同等级的保护区和开发区，按不同的要求严格加以控制，以利生态环境得到平衡和旅游的合理利用，从而防止某些不恰当的开发所可能造成的失误。

(1) 特别保护区：是自然保护区的核心，不许任何人干扰，绝对保护其原始的自然环境的区域。约2.0平方公里。

(2) 一级保护区：是指原自然保护区的科学实验区，维护其自然生态，游人一般不得入内。约60.0平方公里。

(3) 二级保护区：是指为了防火及管理需要可开辟若干道路，并结合景观可供游人游览观赏活动的地带。仅可设少量必须的服务设施。约10.0平方公里。

(4) 三级保护区：是指人工建立的林场，茶场，在控制下游人可观赏。约18.4平方公里。

(5) 外围保护区：在保护区周围，为保证视阈、水域生态良好的活动地带。约64平方公里。

(6)建设区：旅游村镇及有关服务设施的建设用地。约2.1平方公里。

(7) 农副业基地：耕作的农田、果园等生产区，以满足生活和旅游副食品的需要，约200平方公里。

3. 旅游村镇的布局

根据风景区的自然资源、对外交通联系、水源、排水及现有基地建设情况，在尽量不影响自然环境的条件下，拟设立东、南、西、北四个旅游村镇。

军地坪是东入口。与慈利、大庸有便捷的公路联系，土地、水源、排水都有较好的条件，并已初具规模。需要做好详细规划，加强管理，统一建设，促进其合理发展。

南面的锣鼓塔，是张家界国家森林公园最初开发的据点，已有一定的基础，并已基本饱和。由于位于金鞭溪的上游和槽状凹地之中，以致已造成水和空气的污染，破坏了附近的生态环境，必须立即严加控制，减少接待床位，逐步转化为量少质高的高级接待区，成为高档旅客的专门出入口。

西入口是野鸡铺。它紧靠景区，去黄石寨、金鞭溪、天子山均较方便，其用地沿着溪谷，给排水都易得到解决，有发展前途。目前尚无任何设施，应重点开发，首先将公路建好。

泗南镇是北入口，是天子山的主要后盾，现为一镇，略有基础，有一定发展条件。

另在海拔八百米天子山的天池、邓家湾、茶盘塔、石家檐等处根据需要和可能也考虑安置了一些接待设施。

在黄石寨、水绕四门、青松岭等风景区范围内为了某些特殊需要，设置少量床位，但应严加控制。

大庸市地理位置优越，交通方便，城市建设发展较快，规划为武陵源旅游的后方基地。

4．对外与对内交通

武陵源地处我国中南地区，离本省的长沙、株洲、湘潭、岳阳、邵阳、衡阳及湖北省的武汉、襄樊、沙市、宜昌等主要城市均在五百公里以内。而全国的特大城市广州、上海、南京、西安、成都、重庆等亦在一千公里以内。在风景区旅游上，北离世界闻名的三峡和葛洲坝不远，西可联贵州境内我国最大的黄果树瀑布及世界罕见的打鸡洞溶洞，南与山水甲天下的桂林铁路一线穿，加之东与古老的世外桃源毗邻。附近的天门山、猛洞河、不二门温泉等风景资源都有很高的价值。因此武陵源经济战略地位十分优越，占有地利之优势。

但武陵源又处在偏僻之山区。交通颇为不便，大庸、慈利虽有枝柳铁路经过，但车次少，级别低，亦有省内公路，但路况差，旅途时间长，不能满足现代旅游的要求。因此，武陵源要发展旅游，就必须解决对外交通联系，使游客引得进、出得去。

（1）抓紧修建有关公路，汽车仍是目前旅客的主要交通方式。特别是300～500公里范围内的游人。应尽快修建慈利——索溪峪（军地坪）的改线方案（使原96公里缩至72公里）。有利于目前来自东面的主要游客，抓紧大庸至张家界（锣鼓塔）、索溪峪（军地坪）、天子山（泗南峪）、野鸡铺的公路兴建和改建（总共约100公里），以使由大庸市进出的旅客能便捷地到达各旅游村镇。在此基础上进一步考虑四个旅游镇之间的交通联系，形成风景名胜区的外环。

（2）积极发挥枝柳线的效益。铁路运量大，伸延远，覆盖广，通过增加班次，开设直快车，促进与北京、上海、武汉、重庆、桂林等主要客源城市的联系，争取尽早开行深圳至大庸的直快列车，并通过北京至昆明、北京至贵阳、北京至南宁等重要列车经枝柳线的改道，迅速着手大庸客运站的建设。如长沙——石门铁路线的建成则更为有利。

（3）争取大庸机场早日建成通航。航空设施是引入外国人、华侨及港澳同胞等游客的主要渠道。也是武陵源风景区能否通向世界的重要条件。要争取直接对外通航，首先可先开辟至香港的航线，并逐步扩展。国内航线则先以国内重点旅游城市北京、上海、广州、西安、桂林、杭州等为对象。

各景区内的人行步道，根据游人量的大小和景区景点的环境，安排适当的宽度和坡度，选择与环境相协调和方便游人游览的材料和形式。原则上不设置缆车和升降梯，确实要设置时，必须以不妨碍和破坏景观为原则，严格选好位置和审定体量、规模。

5．给水与排水。

武陵源风景区水源丰富。给水可就地引泉或筑池蓄水解决，但有关卫生指标必须符合国家颁布的生活用水标准。同时，蓄水设施不妨碍和破坏景观。

必须认真解决排水问题，特别是对锣鼓塔的生活用水要严格处理，确保金鞭溪水体的高标准。对污水的处理，考虑目前财力有限的实际情况，近期宜采用化学处理和生物处理，远期设置污水处理厂或将污水引出去。

6. 电力与电信。

目前，燃料煤和柴，产生二氧化硫等毒气和煤渣，破坏环境并影响森林植被，必须尽早解决。根据有关资料分析建设澧水河滩水库，贷款投资 2500 万可以在七年内收回成本，达到以电代煤、代柴，解决燃料的供应问题。

现有的邮政、电信设施非常落后，极不适应旅游的需要，规划在张家界建一个邮政电讯总局，连通索溪峪和天子山。

7. 慎重考虑索溪峪水库的建设。

索溪峪水库于 20 世纪 70 年代就列入计划进行修改，当时以灌溉、发电、防洪为主。十年来，仅进行了三分之一的工程，随着风景区的开发，对该水库景观、旅游、效益有了新的认识和不同的看法。根据 1985 年 9 月的有关报告和航空照片的分析，认为原设计的索溪大坝位于两个不同地质岩层处，并有可能存在区域性断裂。原计划的 86 米高坝和二千多万方的库容可能导致滑动和诱发性地震，其后果则不堪设想。因此，应对地质条件，风景旅游、景观效益等方面认真调查分析，作出新的决策。如将整个索溪峪作为多级水体开发，可能比较妥当。

四、规划期限和开发程序

武陵源风景区要建设成为第一流的风景名胜区，需要一个较长期的努力。近期（1990 年）按项列入计划，中期（2000 年）落实规划的主要内容，远期（2020 年）达到更高标准。

开发程序需要有全局观和时空观，考虑动态平衡。必须统一规划，分期建设，并在实践中加以调整改善，才能达到投资少，效益高的效果。

1. 近期（1990 年）接待游人 205 万人天 / 年。其中国外游客、港澳同胞等 10 万人 / 天。近期开发内容为：

（1）尽早修改好总体规划，通过专家评议，省政府批准，人大通过，上报国务院审定，使武陵源的开发建设有法可依、有据可循。

（2）在总体规划确定的基础上对若干的旅游村和景区进行相应的详细规划，为中期的建设提供基本的依据。

(3)修建和改建有关公路，加强对外联系。具体是：慈利——军地坪，72 公里（改线方案）；大庸——野鸡铺，42 公里；大庸——锣鼓塔，32 公里；大庸——军地坪，45 公里。

（4）建成大庸机场及相应的联系到路。

（5）建设军地坪，开发野鸡铺，控制锣鼓塔，调整天子山，为形成合理的旅游村布局创造条件。

（6）建设若干景点和休息点设施，特别是公共厕所。

（7）进行一些基础设施的建设和准备工作。（军地坪的给排水体系，锣鼓塔的污水治理设施，供电及电信设施）。

（8）着手景区内的绿化种植。

（9）调整管理体制。

2．中期（2000年），接待游人800万人天／年，其中国外游客30万人／天。中期开发的内容为：

（1）提高对外交通的便捷程度和舒适程度，发挥铁路和航空的效益。

（2）逐步完善旅游村的建设和相应的设施，满足游客容量和相应的要求。

（3）开展多种类型的旅游活动，如登山运动、水上运动、科学考察等。

（4）根据游览的需要，在不破坏生态环境和景观的前提下，经过论证，修建升降梯等设施。

（5）达到以电代煤、代柴的目的，实现能源电气化。

（6）相应的现代化电信设施。

（7）不断开拓新的景点，并形成完善的联系网络。

（8）外围地带进行普遍绿化。

（9）健全管理体系。

3．远期（2020年），游人达1500万人天／年，其中国外100万人天／年，远期开发的内容为：

通过30～50年的持续努力，使武陵源成为一个有高质量的环境，具有高标准的建设，实行高效率的运转，达到高水平的管理，适应高层次的游览，满足高觉悟利用的世界著名的、全国第一流的风景旅游胜地。届时，各个接待点都成为环境优美，设施完善的旅游村镇，大庸市则成为全国闻名的旅游城市。

五、建设投资和经济效益

1．游客发展的预测和床位增长

项目 年限	年游人次(万)	平均逗留天	需要床位	增加床位
1986	90	2.0	9000	
1990	80–100（国外3.5）	3.0	13000	4000
2000	230–250（国外9）	3.5	32000	19000
2001	350–400（国外25）	4.0		

2. 近期、中期投资项目

近期投资（1990 年），共计 25000 万元。其中：

项目	金额	小计
景点建设及游步道（风景区投资）	1000	8500万
床位设施（各单位投资）	6000	
电力电信（景区开发）	500	
给水排水（景区开发）	500	
景区工程建设（景区开发）	500	
主要公路交通（省内投资、地方集资）	8000	16500万
大庸机场（国家投资）	6000	
水电工程（贷款）	2500	

中期投资（1991 年 -2000 年）共计 30000 万元。其中：

项目	金额
床位设施（10000 床）	22500
景点及服务设施	3000
电力、升降梯等设施	2000
道路标准提高	2000
其他设施	500

3. 消费水平预测

（1）国内游客平均消费水平（每天）：

1987 年 14.0 元　　1990 年 17.5 元　　2000 年 38.0 元

（2）国外游客平均消费水平（每天）：

1987 年 60.0 元　　1990 年 70.0 元　　2000 年 120 元

4. 经济效益（资金回收）

根据近期投资 0.85 亿元（水电坝、公路、机场不计于内），中期 3 亿元的估计和国内外游客量和消费水平的预测，通过电子计算机运算结果为：

按无息贷款建设到 2003 年，即投资十五年可以全部收回，如考虑低息贷款（按 4.2% 优惠利息）。在 2004 年可以全部收回。

其收益效益为 15%，高于我国国民经济的平均效益 10%。因此，是具有一定经济效益的。

5. 其他间接效益

除了企业的经济效益和国家所得的税收可以计算衡量外，对当地及附近地区的经济开发、就业的机会、信息的流通所产生的效益则是难于估量的。如张家界国家森林公园管理处由于开展了旅游，而增加了五、六百个就业人员。附近的张家界农民的收入由 1983 年人均收入 122.6 元提高到 1986 年的 515 元。迅速走上了脱贫致富的道路。大庸市的旅馆业已由三年前的零而达到占国民总收入的 7%。天子山的龟纹石过去无人问津，现在做成的石雕已成为高档的抢手货。随着国外和港澳旅客的增加，将产生更多的外汇收入，这些效益浸透了各行各业，反映在整个地区的各家各户中，是无形的，却又是具体的。它对武陵源、湘西、湖南，甚至全国都会产生积极的效益。

六、关于管理体制的建议

根据自然条件，景观分布和开展旅游活动的需要，武陵源风景区是一个不可分割的整体，其三百多平方公里的范围不仅包括了现在的大庸市张家界国家森林公园，慈利县索溪峪风景区管理处和天子山风景区管理局所辖的范围，并包括了慈利县喻家咀镇、大庸市协和乡、中湖乡以及桑植县的若干地段。现在的行政区域是难以适应的，而需要相应的组织机构来负责。根据国务院《关于风景名胜区暂行管理条例》第五条“风景名胜区依法设立人民政府，全面负责风景名胜区的保护、利用、规划和建设”的规定，成立人民政府的机构是相宜的。

武陵源现分属一市二县管辖，又跨于湘西土家族自治州和常德地区的行政区划之间，过去的边贫地区，边界不够明确，无人过问。由于旅游开发形成了“聚宝之地”，你争我夺，引起了多起纠纷，以致达到大动干戈的地步，影响很坏，通过统一管理才有利于矛盾的解决。

武陵源开放以来，由于体制的不统一，各自为政，互不协调，甚至相互诋毁，形成人为的矛盾，与现代的开放型、高效率的旅游要求很不适应，已引起游人的不满。

由于行政体制分割的原因，各项设施供应都分别以各自市、县为依托，如相邻的索溪峪与天子山的电话要经过慈利——桑植县绕一个圈子才能相通，显然这是不符合旅游区的要求的，只有通过体制改革，才能解决问题。

为了统一加强武陵源的规划、建设和管理，归根结底，必须有统一的领导，1984 年就有过统一行政区划设立的建议，通过几年的实践，由于武陵源风景区建设的复杂性、特殊性和重要性，不仅应建立政府，而且需有某些特殊的政策和待遇，如果以现大庸市桑植县和慈利县的行政范围为基础设立地区级的市，而武陵源风景区属该市管辖，统一管理，对其发展和效益是有利的。

注：此文系李铮生副教授（当时职称）于 1986 年向湖南省委汇报时中的摘要。